I0487571

Conexiones Eléctricas del Aire Acondicionado

Luis Roman

Outskirts Press, Inc.
Denver, Colorado

Outskirts Press, Inc.
http://www.outskirtspress.com

ISBN: 978-1-4327-4669-8

Outskirts Press and the "OP" logo are trademarks belonging to Outskirts Press, Inc.

PRINTED IN THE UNITED STATES OF AMERICA

IMPORTANTE

LA INFORMACION QUE APARECE AQUÍ, ES PARA QUE SEA USADA POR PERSONAS QUE CONOCEN DE AIRE ACONDICIONADO POR EXPERIENCIA DE TRABAJO O SON GRADUADOS DE ALGUN CURSO DE AIRE ACONDICIONADO, NO PARA AQUELLAS PERSONAS QUE NO CONOCEN EL OFICIO. ESTE NO ES UN MANUAL DE _"HAGALO UD. MISMO."_ CUALQUIER PROBLEMA QUE OCURRA DEBIDO AL DESCONOCIMIENTO PREVIO DE LO QUE AQUÍ SE EXPLICA, ES DE SU ENTERA RESPONSABILIDAD. NO TRATE DE HACER ALGO QUE DESCONOCE Y DE NATURALEZA PELIGROSA. NO SOMOS RESPONSABLES DE SU IRRESPONSABILIDAD.

WE DO NOT MAKE ANY CLAIMS OF THE ACCUARACY OF THE INFORMATION HEREIN. YOU MUST CHECK IT OUT BEFORE USING THIS INFORMATION. THIS IS NOT A "DO IT YOURSELF" MANUAL.

Este manual ha sido confeccionado con la información que existía durante su publicación y en el mismo no está toda la información del momento actual.

Luís Románi

INDICE

Importante.. i

Índice iii

Las Conexiones Eléctricas del aire acondicionado Central............................. 1

Electricidad del aire Acondicionado.. 2

Sistema de Aire Acondicionado 3

Compresores 8

Compresores Semi-hermeticos 12

Métodos usados para arrancar el compresor.. 13

Arranque Directo 13

Arranque con Capacitor... 15

Arranque con Capacitor de Marcha... 16

Arranque con Capacitor de Arranque y Capacitor de Marcha 19

Capacitores 23

Capacitor de Arranque... 27

Capacitor de Marcha... 25

Chequeo de los Capacitores. Capacitor de Arranque 31

Capacitor de Marcha... 32

Capacitores de varias combinaciones de capacitancias 33

Controles usados en Sistemas de Aire Acondicionado 35

Relay 37

Relay de Corriente 37

Relay de Potencial 39

Coeficiente de Temperatura Positiva (PTC 40

Start Assistant Device... 43

Transformador 44

Conexiones del Transformador 46

Termostato de Bajo Voltaje.. 47

Controles usados en Sistemas de Aire Acondicionado Central (Residencial) ... 53

Fan Relay.. 55

Secuenciador Térmico 57

Resistencias de la Calefaccion... 59

Conexiones Eléctrica de la Manejadora de aire.. 62

Tarjeta Electrónica.. 63

Manejadora de Aire 67

Tarjeta Electrónica de una Manejadora de Aire 63

Contactor Magnético 69

Conexiones Eléctricas más comunes en Aire Acondicionado....................... 75

Componentes de la Manejadora de Aire.. 77

Esquemas eléctricos de la Manejadora de Aire 78
El Time Delay Blower Relay 82
Bomba de Condensado 84
Conexiones Eléctricas de las Unidades de Condensación 87
Protectores del Sistema de Aire Acondicionado 93
Controles de Alta y Baja Presiones 94
Time Delay 96
Protector de Sobrecarga 98
Problemas más comunes en Aire Acondicionado 101

Conexiones Eléctricas del Aire Acondicionado

ELECTRICIDAD DEL AIRE ACONDICIONADO.

En los equipos de aire acondicionado, los problemas que se presentan con mayor frecuencia, son del tipo eléctrico. Sin embargo si un sistema de aire acondicionado no enfría o no funciona, la causa del problema puede ser una o la combinación de varios factores. Si el sistema no funciona y uno o ninguno de los componentes eléctricos (Blower, compresor y ventilador) del sistema funciona, con toda seguridad el tipo de problema es eléctrico. Lo primero que debemos hacer es buscar o identificar donde está el problema para poner en funcionamiento el sistema.

La causa del problema puede ser que los fusibles se abrieron o los breakers se dispararon. Esta causa tan común, es a veces el centro del problema. Esta es una de las causas más sencillas y fáciles de resolver, pero a veces la causa no es tan sencilla y es necesario hacer un chequeo exhaustivo y detallado para determinar la causa por la cual los fusibles se abrieron.

Algunos de los componentes eléctricos que pueden ser la causa de que el sistema de aire acondicionado no enfríe pueden ser un motor dañado, termostato defectuoso, compresor dañado, contactor magnético o Relay dañados y la lista continua. Por esta razón, es de suma importancia saber identificar y conocer cada uno de los componentes eléctricos que forman parte del sistema y la relación existente entre cada uno de ellos.

Para poder determinar con exactitud dónde está la causa del problema en un aire acondicionado, es necesario conocer cómo va conectado cada componente eléctrico del sistema. Cada uno de los controles y dispositivos usados en el aire acondicionado, tienen una función específica y aunque algunos exteriormente se asemejan, son completamente diferentes en la función que realizan.

En este manual se estudiara cada uno de los componentes eléctricos más comúnmente usados en el aire acondicionado central, residencial o sistema dividido y **no en todos los sistemas** que existen. Sería extremadamente difícil tratar de reflejar en este manual todos los sistemas que existen en la actualidad. Recuerde que diariamente existen ciertas innovaciones que mejoran el funcionamiento y la eficiencia de los equipos modernos.

En la actualidad, existen muchos equipos de aire acondicionado, los cuales vienen provistos con tableros electrónicos. En estos tableros, se han incorporado los controles del sistema (Fan Relay, Secuenciador, conexiones de bajo voltaje etc.) Estos tableros electrónicos de control, no deben ser causa de preocupación, ya que los mismos facilitan encontrar el problema que pueda existir en el sistema. Si uno de los controles en el tablero no funciona, la solución generalmente, es cambiar el tablero electrónico y no tratar de cambiar el componente dañado en el mismo. Aunque el componente o

2

dispositivo que no funciona o está dañado se pueda ver en el tablero, así sea una resistencia, no trate de reemplazarla. Cambie el panel completo. Cuando cambia el tablero completo, se ahorra tiempo y su trabajo está garantizado.

La electrónica es una especialidad completamente diferente a la del aire acondicionado y la misma se estudia aparte. Aire acondicionado no es electrónico y por lo tanto no es su especialidad. Es lógico que un técnico deba tener conocimiento de los componentes del aire acondicionado pero no para tratar de reparar componentes electrónicos. Por supuesto que usted debe tener ciertos conocimientos eléctricos para poder determinar dónde está el problema o la causa del problema, pero el tratar de reparar un circuito integrado, no es su especialidad.

Esperamos que este manual lo ayude en su nueva profesión.

SISTEMA DE AIRE ACONDICIONADO CENTRAL.

El sistema de aire acondicionado más comúnmente usado en las casas y residencias el sistema dividido, el cual es conocido como aire acondicionado Central. Se le llama sistema dividido, ya que el mismo está formado por dos unidades, la manejadora de aire y la unidad de condensación. Estas unidades están separadas una de la otra ya que una es instalada en el interior de la casa (manejadora de aire) y la otra en el exterior (condensador).

Dentro de la manejadora de aire, encontramos la mayoría de los controles que se emplean en el aire acondicionado con el fin de que el mismo realice sus diferentes funciones. Los controles, son los dispositivos eléctricos que controlan el suministro de un voltaje alto (208/240 volts). Estos controles operan con un voltaje bajo (generalmente 24 volts) para de esta forma permitir o no el paso del alto voltaje a los motores, compresor y resistencias de la calefacción.

Todos estos componentes mencionados, requieren el suministro de un voltaje alto para poder funcionar adecuadamente. Cuando el sistema de aire acondicionado se pone en funcionamiento a través del termostato, a los diferentes controles como el Fan Relay y Contactor Magnético, les llega el Bajo Voltaje necesario para cerrar sus contactos y permitir el paso del Alto Voltaje al motor del Blower, al motor del ventilador del condensador y al compresor.

Cuando la temperatura del aire del lugar en que se encuentra el termostato, alcanza el la temperatura a la cual debe detenerse el sistema, 75°F por ejemplo, el termostato interrumpe el suministro de bajo voltaje a los controles y se detiene el funcionamiento del equipo completamente.

El termostato es el componente eléctrico del circuito de bajo voltaje, encargado de apagar y encender el sistema de acuerdo con la temperatura que se quiere mantener dentro de la vivienda.

El termostato distribuye el bajo voltaje que le llega desde el transformador, a los diferentes controles y protectores del equipo. Todo sistema de aire acondicionado debe ser protegido contra situaciones inesperadas que pueden dañar al compresor del sistema o cualquier otro componente. Los protectores del sistema protegen al mismo en caso que ocurra cualquiera de las siguientes situaciones:

a. Elevada presión de descarga
b. Escape total del refrigerante
c. Cuando se va la luz repentinamente y regresa al cabo de varios segundos

Cuando cualquiera de estas situaciones ocurren, el funcionamiento del compresor se detiene y para ser protegido.

Cuando existe una elevada presión de descarga o el refrigerante del sistema se escapo, si el compresor continuara funcionando, el mismo se podría dañar. Cuando el suministro de voltaje al compresor se detiene y al instante se le vuelve a suministrar, como cuando se va y viene la luz, el consumo de corriente (amperaje) es tan elevado que el protector de sobrecarga se abre y detiene el funcionamiento del compresor. Para evitar que el compresor trate de arrancar cuando esto ocurre, se usa el Time Delay.

Los controles del sistema que se encuentran en la Manejadora de Aire y que trabajan con el bajo voltaje, que le suministra el termostato, son los siguientes:

► Fan Relay
► Secuenciador Térmico.

Además, dentro de la Manejadora de Aire también encontramos al transformador reductor de voltaje. Este transformador puede ser alimentado a través del enrollado primario con 208 ó 240 Volts para obtener a la salida del mismo (enrollado secundario) 24 volts el cual le es suministrado al termostato y al resto de los controles.

En la unidad de condensación, encontramos otro control, el cual es el encargado de suministrarle alto voltaje al compresor y al ventilador del condensador. Este control es el Contactor Magnético.

En la unidad de condensación encontramos uno de los componentes más importante y más protegido en el sistema; el compresor. El compresor es el corazón del sistema ya que el mismo es el encargado de "bombear" el refrigerante a través de todo el sistema a una presión determinada. El compresor es el componente encargado de mantener la presión adecuada en cada uno de los lados del sistema. (Lado de Baja Presión y Lado de Alta Presión)

Compresores

- Determinación de sus terminales

- Métodos usados en el arranque

- Fallas eléctricas más comunes

Antes de hacer cualquier tipo de conexión eléctrica en el compresor, es verdaderamente importante identificar, si no se conocen, cuales son los terminales **C** (Común), **R** (Run, Marcha) y **S** (Start, Arranque). Para determinar estos terminales, se debe proceder de la siguiente forma:

> ► desconectar todos los conductores eléctricos (cables) que llegan a dichos terminales para evitar la posibilidad de lecturas falsas.
> ► dibujar sobre una hoja de papel la configuración que tienen los terminales en el compresor.
> ► medir las resistencias eléctricas que existen entre cada uno de los terminales con un milímetro, usando la escala de resistencia Rx 1, a la cual se le ha hecho previamente el ajuste de la resistencia a Cero

Analicemos el siguiente ejemplo.-

1.- En un papel se ha dibujado la configuración de los terminales de un compresor en cual no están identificados sus terminales

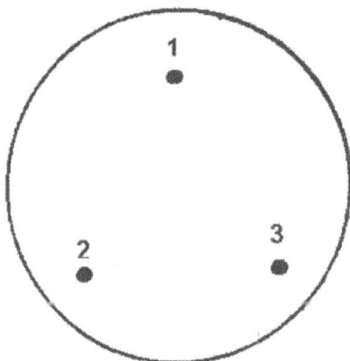

2.- Al medir las resistencias se obtienen los siguientes valores.

Al colocar las puntas del milímetro entre los terminales marcados 1, 2 y 3, las siguientes medidas de resistencias fueron obtenidas.

> **1----2 = 1.5 Ω ó 1.5-ohms**
> **1----3 = 2.6 Ω ó 2.6-ohms**
> **2----3 = 4.1 Ω ó 4.1-ohms**

O sea que al anotar los valores obtenidos, en la figura de papel, la misma quedaría de la siguiente forma:

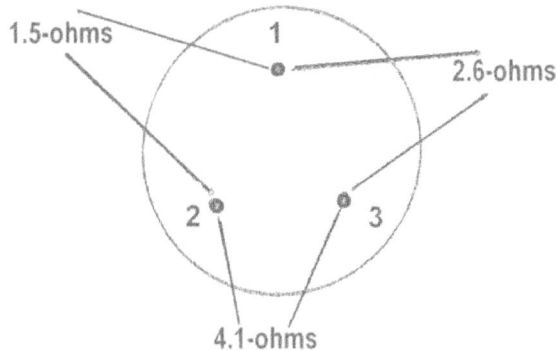

Como es por todos conocidos, el motor del compresor, está formado por dos enrollados; uno de arranque y el otro de marcha. El enrollado de marcha siempre va a tener el menor valor de resistencia... El enrollado de arranque tiene mayor valor de resistencia que el de marcha, La suma de estos dos valores de resistencias obtenidos, será la lectura de mayor resistencia. De acuerdo con esto, podemos decir que:

$$\boxed{CR + CS = SR}$$

C, es el Común de los enrollados **CR,** es el enrollado de Marcha **(Run) CS**, es el enrollado de arranque **(Start) SR**, es la suma de los dos enrollados.

$$CR + CS = SR$$
$$1.5\ \Omega + 2.6\ \Omega = 4.1\ \Omega$$

Esto significa que el mayor valor de resistencia obtenido, es la suma de las resistencias de los dos enrollados del motor; arranque y marcha.

Ahora podemos proceder a identificar los terminales 1, 2 y 3 de la siguiente manera:

▶ El Común **(C),** es el Terminal opuesto a la resistencia **mayor (SR = 4.1 Ω.)**
▶ El enrollado de marcha, es el de **menor** resistencia **(1.5 Ω) CR**, por lo tanto el terminal #2 es **R**
▶ El último Terminal será **S**, ya que CS, es el enrollado de valor **intermedio (2.6 Ω)**

9

Después de haber realizado todas las medidas de resistencias de los enrollados, se puede decir, que los terminales de este compresor, quedan identificados de la siguiente forma:

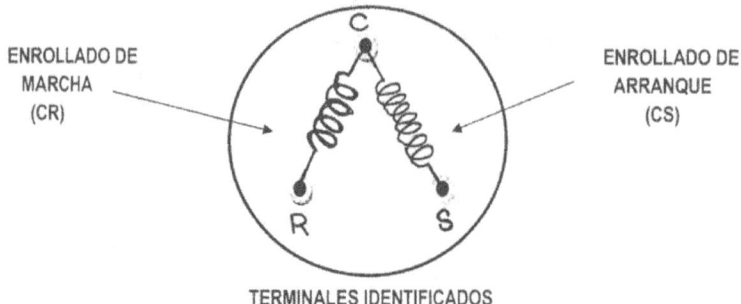

Supongamos que ahora tenemos un compresor el cual presenta sus terminales en la siguiente manera.

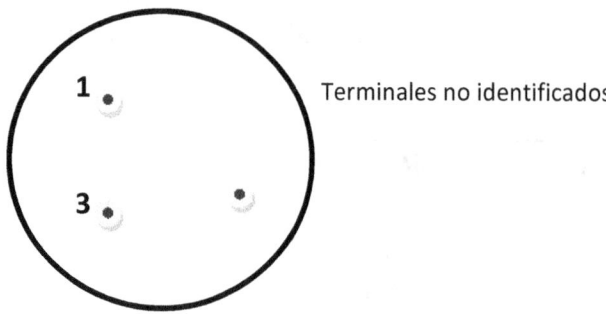

Se procede a medir las resistencias de los enrollados, de la misma forma que se explicó anteriormente, usando el multimetro para medir el valor de las resistencias.

Supongamos que las lecturas de resistencias obtenidas, fueron las siguientes.

Entre los terminales 1 y 2 la resistencia es **4.2 Ω**
Entre los terminales 1 y 3 la resistencia es **2.2 Ω**
Entre los terminales 2 y 3 la resistencia es **6.4 Ω**

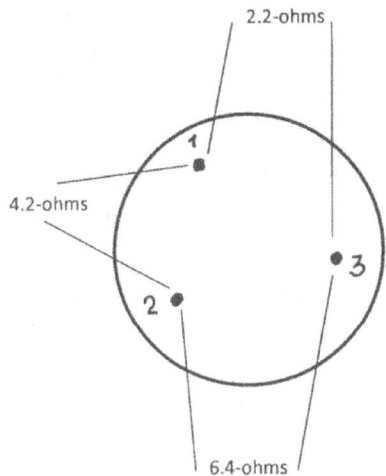

En todo compresor, el **Común (C)** es siempre el terminal opuesto a la mayor resistencia. En este ejemplo se puede observar que al sumar los resultados obtenidos **2.2 Ω + 4.2 Ω** vamos a obtener **6.4 Ω** De acuerdo con estos valores, podemos decir que el Terminal # 1 es el **C,** ya que el mismo esta opuesto a la **mayor** resistencia (**6.4 Ω**)

El Terminal #3, es **R** ya que entre éste y el #1 existe la resistencia de **menor** valor y como es sabido, la menor resistencia obtenida corresponde al enrollado de Marcha (**CR**) y se sabe que el termina #1 es el Común

El último Terminal es el # 2, el cual es el **S** ya que **CS** es el enrollado de Arranque.

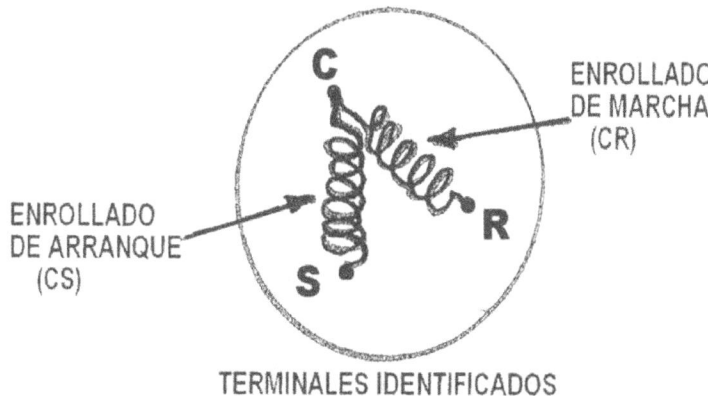

TERMINALES IDENTIFICADOS

Cada vez que es necesario identificar los terminales de un compresor, el método anteriormente explicado, es usado con este fin.

Recuerde que aunque los terminales de un compresor estén identificados, a veces es necesario conocer los valores de las resistencias para poder diagnosticar cualquier problema eléctrico en el compresor.

Los terminales de un compresor deben ser identificados cuando es necesario comprobar si sus enrollados tienen continuidad o si tienen la resistencia correspondiente ya que de acuerdo con los valores que se obtengan, se puede determinar dónde está el problema.

Los terminales también tienen que conocerse, cuando es difícil de identificarlos en el compresor visualmente. Si el compresor se va a arrancar o sea ponerse a funcionar, tenemos que saber con exactitud, cuales son los terminales de Marcha (**R**), Arranque (**S**) y el Común (**C**), para poder hacer las conexiones eléctricas correspondientes y no dañar el compresor.

COMPRESORES SEMI HERMETICOS.

En los compresores semi-herméticos, también sus terminales están identificados como en el de los compresores herméticos. La única diferencia es que los terminales están alineados horizontalmente.

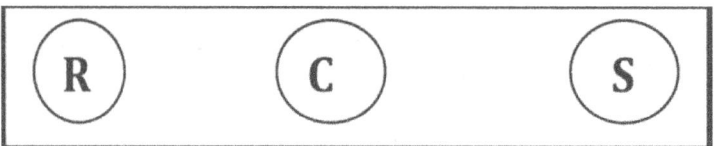

Para identificar los terminales en estos compresores, se procede de la misma manera que se hizo con los compresores herméticos. Al igual que el compresor hermético, en el compresor semi hermético existen un enrollado de arranque (**CS**) y el otro de marcha (**CR**) y mismas reglas que se cumplen en el compresor hermético, se cumple en el semi hermético. La suma de los dos enrollados, es igual al valor de resistencia entre los terminales **SR**.

$$CR + CS = SR$$

Cuando **SR** no es igual a la suma de los dos enrollados del compresor, entonces existe un problema. Necesariamente la lectura obtenida al leer las resistencias con el multímetro, no va a ser igual a la suma obtenida matemáticamente, pero esta diferencia no puede ser muy desproporcional.

METODOS USADOS PARA EL ARRANQUE DEL COMPRESOR.

Los compresores usados, tanto en aire acondicionado, así como en refrigeración, pueden ser puestos en funcionamiento, usando diferentes métodos de arranque. Un compresor puede ponerse a funcionar directamente o mediante el uso de diferentes componentes eléctricos los cuales facilitan y aseguran su arranque.

Un compresor, en dependencia de las características del motor eléctrico impulsor, puede ponerse en funcionamiento mediante el uso de cualquiera de los siguientes métodos:

- ☼ arranque directo
- ☼ arranque con capacitores
- ☼ arranque con un dispositivo de ayuda para el arranque
  (Start Assistant Device, SAD)

ARRANQUE DIRECTO.

El arranque directo, es usado mayormente en los compresores que trabajan con 115 volts. Estos son los compresores, más usados principalmente, en aire acondicionado de ventana, algunos refrigeradores comerciales y en refrigeradores domésticos.

Un compresor puede arrancarse directamente en *un banco de pruebas del taller*, por pequeños intervalos de tiempo. En el diagrama que aparece a continuación, se muestra una forma en que las líneas de alimentación (eléctrica) deben ser colocadas en el compresor.

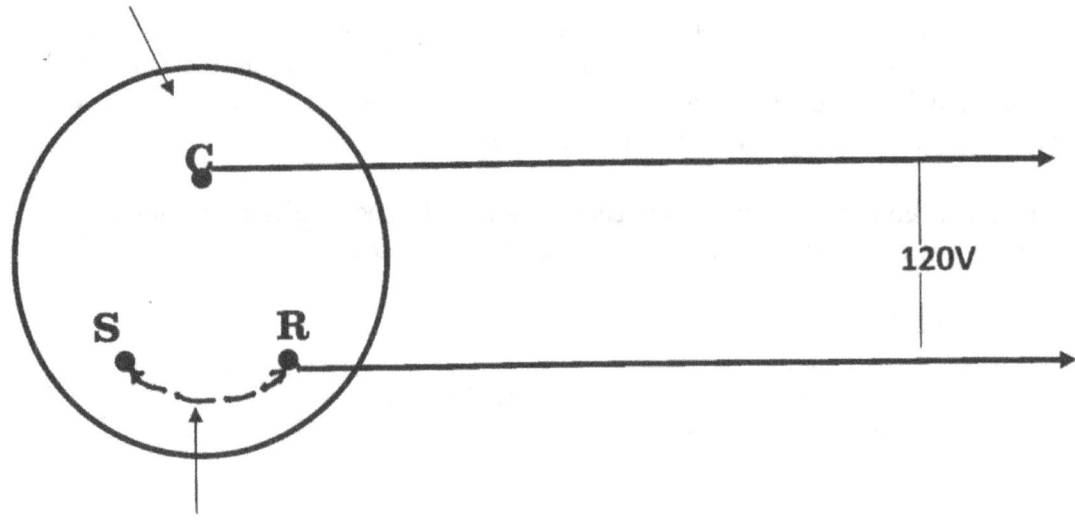

Terminales del Compresor

120V

Con un cable, hacer puente entre S y R

Una de las línea se alimentación es conectada al Común (**C**) del compresor y la otra a la Marcha (**R**).

Una vez que se energizan las líneas con electricidad y por fracción de segundo, con un cable se hace un puente entre **S** y **R**. Si el compresor no tiene problemas, debe arrancar y mantenerse funcionando. Una vez que el compresor arranca, rápidamente desconecte el puente entre **S** y **R** para evitar que se quemen los enrollados el motor.

El hecho que un compresor arranque, esto no quiere decir necesariamente que el compresor esta bueno. Quizás, eléctricamente pueda arrancar, sin embargo tal vez no sea capaz de comprimir el vapor refrigerante que succiona del evaporador. Puede ser, que las válvulas del compresor estén dañadas (en el caso que el compresor sea de pistón) o exista otra condición mecánica, la cual impide que el compresor comprima. Recuerde que el compresor puede estar dañado eléctrica o mecánicamente.

De cualquier manera, si el compresor arranca pero no es capaz de comprimir, el mismo debe ser reemplazado por otro. Recuerde que no es práctico tratar de reparar un compresor hermético, aunque esto sea una práctica común en otros países latino americanos. No tiene sentido tratar de reparar un compresor cuando la posibilidad de reemplazarlo por uno nuevo existe.

ARRANQUE CON CAPACITORES.

En algunos sistemas de refrigeración, debido a la presión que va a existir en el Lado de Alta Presión durante el periodo de parada, es necesario usar un Capacitor de Arranque para lograr que el compresor pueda ponerse en funcionamiento.

Cada vez que es usado un Capacitor de Arranque en el circuito eléctrico del compresor, es necesario que este salga del circuito una vez que el compresor arranca... Esto quiere decir que debe ser usado algún dispositivo eléctrico que interrumpa el paso de la corriente al capacitor. La razón por la cual el capacitor de arranque tiene que salir del circuito, es porque a éste no le puede estar pasando corriente constantemente. Si esto ocurre, el capacitor se quema. Cuando se utiliza solamente un Capacitor de Arranque el Capacitor y el enrollado de Arranque, tienen que salir del circuito eléctrico una vez que el motor alcanza el 75% de su velocidad. Un dispositivo comúnmente usado en equipos de aire acondicionado y refrigeración, es el Relay de Potencial En las páginas 37 y 38, aparece este dispositivo explicado con más detalles. En el esquema que aparece a continuación, se muestran las conexiones eléctricas del Capacitor de Arranque, el Relay de Potencial y un motor eléctrico, o un compresor usado en refrigeración y refrigeradores.

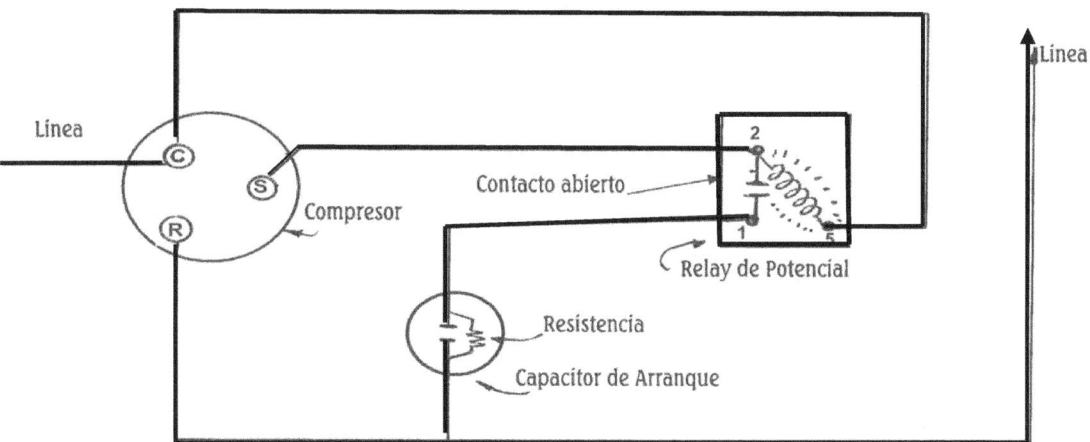

Cuando la bobina del Relay de Potencial se energiza, los contactos 1 y 2 se abren

Otro dispositivo muy usado para arrancar el compresor de un refrigerador, es el **PTC** (Positive Temperatura Coefficient), Ver más información en la página 32

15

ARRANQUE CON CAPACITOR DE MARCHA.

La mayoría de los motores usados para impulsar los compresores y ventiladores usados en aire acondicionado y refrigeración son del tipo PSC (Permanent Split Capacitor). Esto quiere decir, que este tipo de motor necesita un capacitor permanentemente en su circuito eléctrico.

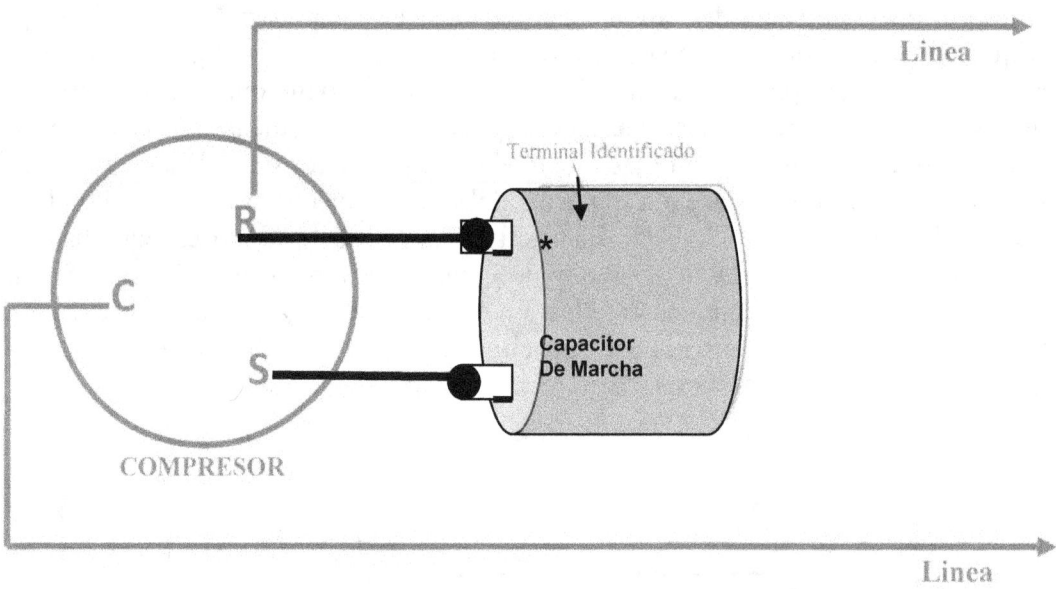

A este capacitor se le llama Split (dividido), ya que el mismo contribuye al arranque del compresor, pero su importancia es en mantener al motor funcionado después que arranca. Esto quiere decir que a través de este capacitor, continuará circulando corriente eléctrica hasta que el compresor se detenga. Aun cuando el motor eléctrico deja de funcionar, porque cesó el paso de corriente por el mismo, evite tocar sus terminales del capacitor para evitar una descarga eléctrica

En ciertas ocasiones, el capacitor de marcha no es suficiente para poner en funcionamiento al compresor y mantenerlo funcionando. En estos casos, es necesario el uso de un dispositivo auxiliar el cual agregara la fuerza necesaria que el compresor se arranque y se mantenga funcionando. Este dispositivo es conocido como Hard Start Device, (dispositivo de fuerza para el arranque). El Hard Start Device no es más que un capacitor de arranque con un PTC. El PTC es el encargado de sacar al capacitor de arranque del circuito para evitar que el mismo no se queme.

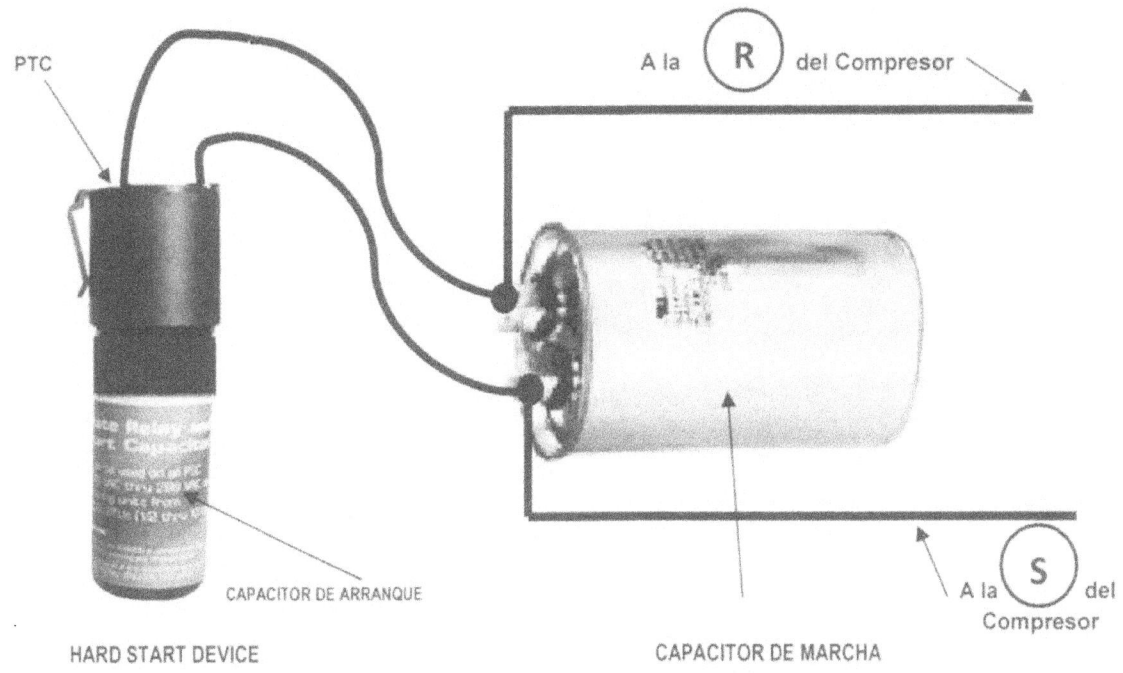

PTC

A la (R) del Compresor

CAPACITOR DE ARRANQUE

HARD START DEVICE

A la (S) del Compresor

CAPACITOR DE MARCHA

CONEXION DEL HARD START DEVICE CON EL CAPACITOR DE MARCHA

Este dispositivo es conectado directamente, en paralelo, con el capacitor de marcha (Ver figura anterior). Su conexión es muy sencilla ya que no se requiere el uso de un Relay de Potencial.

En algunos casos, en los cuales el compresor no arranca con el capacitor de marcha solamente, no es necesario el uso del Hard Start Device. En ocasiones, si se cambia el capacitor de marcha por uno nuevo, el problema será resuelto.

Algunos fabricantes de este dispositivo (HSD) recomiendan el uso del Hard Start Device en todo compresor por las dos siguientes razones:

1. **Extiende la vida del compresor**. En el momento de arranque, este dispositivo, reduce la duración del elevado amperaje de arranque. Este elevado amperaje aumenta la temperatura de los enrollados, el aislante de los enrollados se afecta lo cual, con el tiempo daña al compresor,
2. **Se reduce el consumo de energía eléctrica** Esto se debe a que logra que el compresor alcance su velocidad de diseño diez veces más rápido que el tiempo normal.

Existen otros técnicos que están completamente de acuerdo con lo expresado anteriormente, pero **no** recomiendan usar el Hard Start Device sino que consideran que el uso de un Capacitor de Arranque y un Relay de Potencial es mucho más confiable. (Ver esquema en la pagina 21.

ARRANQUE CON CAPACITOR DE ARRANQUE Y CAPACITOR DE MARCHA.

En los equipos de aire acondicionado que utilizan la válvula de expansión como control del flujo de refrigerante, el compresor no es capaz de arrancar con un Capacitor de Marcha solamente después de haberse detenido. En estos equipos es necesario utilizar un capacitor de arranque y un Capacitor de Marcha ya que el motor eléctrico impulsor está diseñado para usar dos capacitores. Estos motores son conocidos como **CSCR** (Capacitor de Arranque, Capacitor de Marcha). Una vez que el compresor arranca, el capacitor y el enrollado de arranque tienen que ser sacados del circuito, porque de lo contrario, se queman. El dispositivo usado con este propósito es el Relay de Potencial.

Este Relay tiene una bobina y un contacto Normalmente Cerrado (N.C). Cuando por la bobina circula electricidad, los contactos se abren para sacar al Capacitor de arranque del circuito.

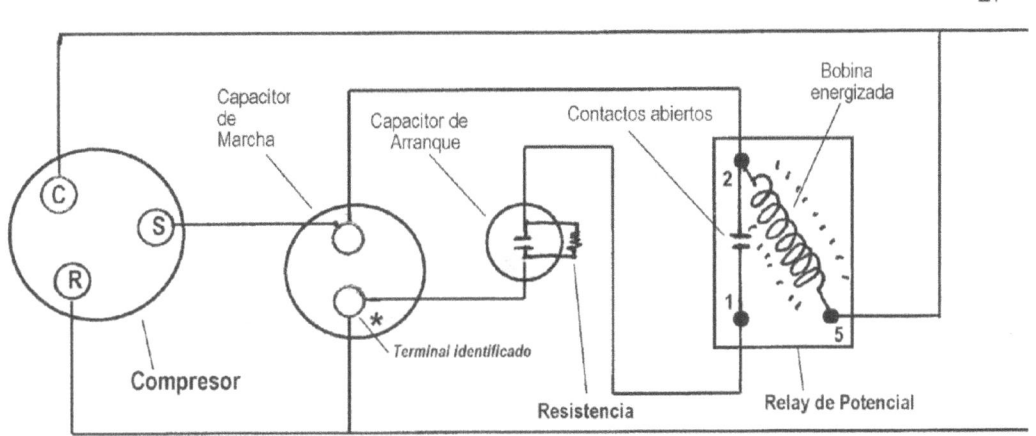

La bobina del relay esta energizada y los contactos 1 y 2 estan abiertos. El Capacitor de Arranque ha sido sacado del circuito

En el esquema que aparece en la siguiente pagina, se pueden ver como son conectados estos dispositivos.

Algo muy importante que usted debe conocer es que el Relay de Corriente no es universal. Esto quiere decir que no existe un solo Relay para todas las aplicaciones de aire acondicionado y refrigeración que existen. Siempre utilice el recomendado por el fabricante del equipo con el que está trabajando.

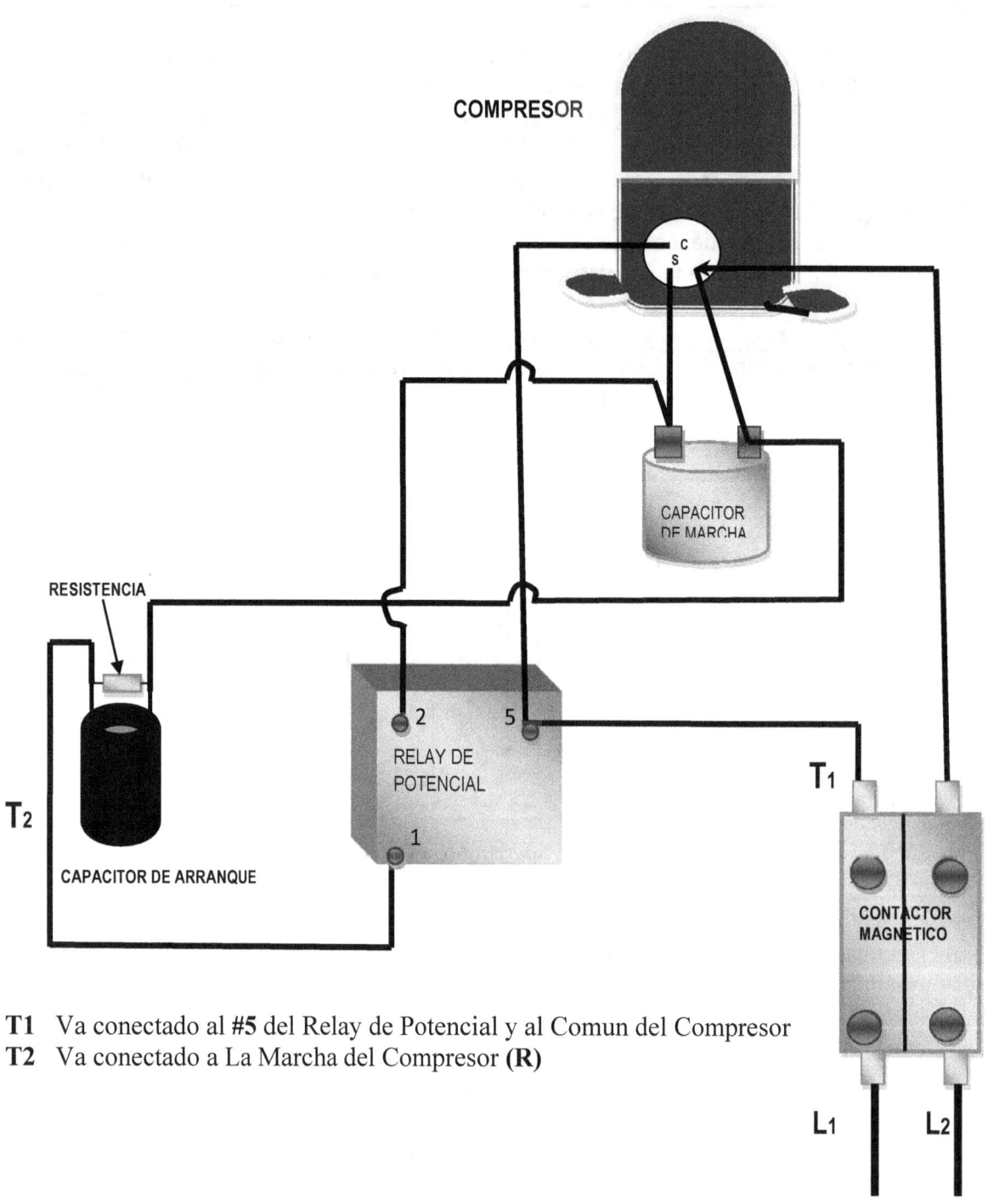

COMPRESOR

CAPACITOR
DE MARCHA

RESISTENCIA

RELAY DE
POTENCIAL

T_2

CAPACITOR DE ARRANQUE

T_1

CONTACTOR
MAGNETICO

L_1 L_2

T1 Va conectado al **#5** del Relay de Potencial y al Comun del Compresor
T2 Va conectado a La Marcha del Compresor **(R)**

En la siguiente figura, se puede ver que el Relay de Potencial ha sido energizado para poner en funcionamiento al compresor. Cuando a través de la bobina del Relay de Potencial circula el voltaje adecuado, los contactos 1 y 2 se abren, impidiendo de esta forma que la corriente continúe circulando por el Capacitor de Arranque

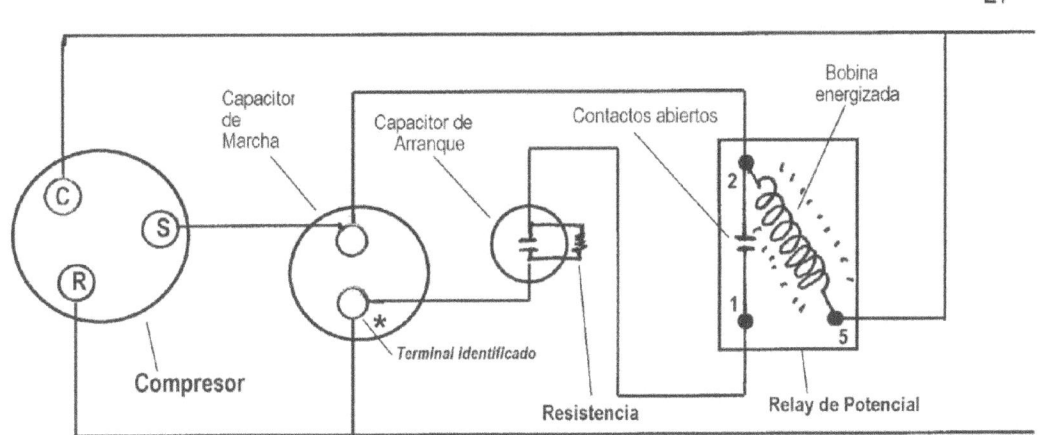

La bobina del relay esta energizada y los contactos 1 y 2 estan abiertos. El Capacitor de Arranque ha sido sacado del circuito

En el esquema que aparece a continuación, se muestran las conexiones eléctricas del compresor y los diferentes dispositivos usados en su arranque y funcionamiento. Además también se muestra, al ventilador del condensador conectado en el circuito. El diagrama que se muestra, es conocido como "escalera"

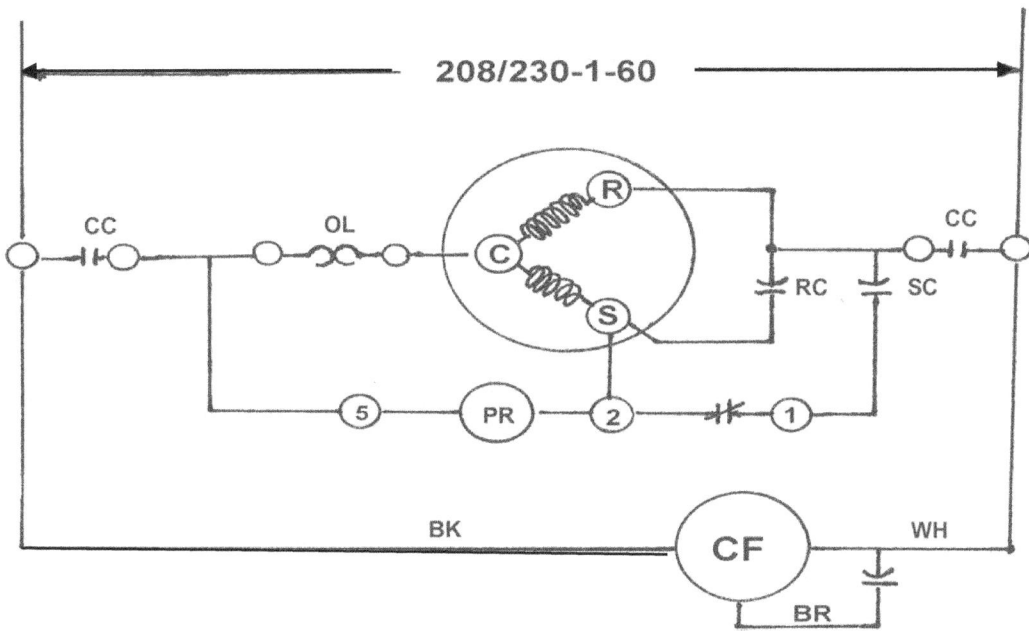

21

LEYENDA.

CC	Contactor Magnético	OL	Protector de Sobrecarga
PR	Relay de Potencial	CF	Ventilador del
RC	Capacitor de Marcha	SC	Capacitor de Arranque
BK	Negro	WH	Blanco

Capacitores

Capacitor de Marcha

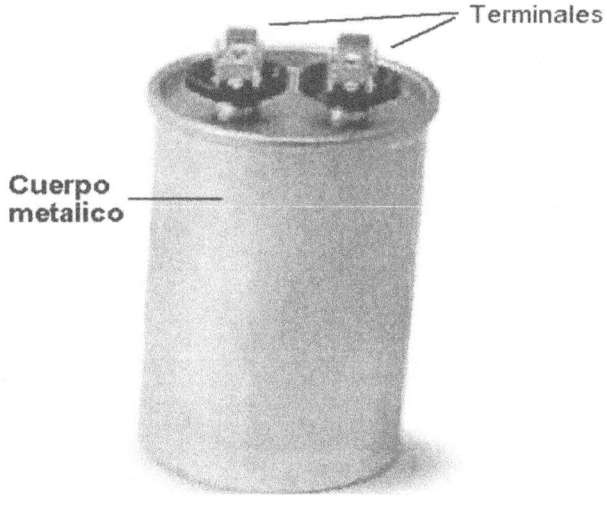

Terminales

Cuerpo
metalico

NOTAS.

CAPACITORES.

El capacitor es el dispositivo eléctrico usado en el funcionamiento de los motores eléctricos. Algunos capacitores son usados con el fin de arrancar un motor eléctrico o mantenerlo funcionando. El capacitor, se puede decir, que se comporta como una batería, ya que el mismo almacena una carga eléctrica, la cual descargara en el momento necesario.

El capacitor, por lo general, está formado por dos láminas metálicas las cuales están separadas y aisladas por un material dialéctico (no conduce electricidad). En estas dos placas metálicas es donde se almacena la electricidad (electrones) que posteriormente es descargada.

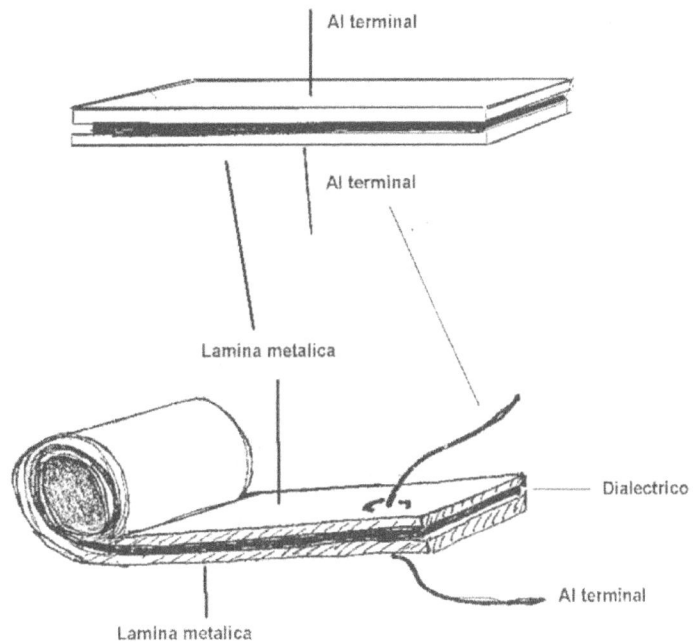

Debido a las características constructivas del capacitor, entre una placa metálica y la otra no existe contacto o sea, continuidad.

Existen dos tipos fundamentales de capacitores usados en aire acondicionado y refrigeración:

► Capacitor de Arranque
► Capacitor de Marcha.

El Capacitor de Arranque, como su nombre lo indica, está diseñado para funcionar durante el arranque del motor y por fracciones de segundo solamente. Una vez que el motor arranca, el capacitor tiene que ser sacado del circuito ya que si el mismo no es sacado del circuito, se quema.

Algunos de los dispositivos usados para sacar al capacitor de Arranque del circuito son los siguientes:

Relay de Corriente
Relay de Potencial
PTC (termistor)
Interruptor Centrifugo (en motores abiertos)

El Capacitor de Arranque se conoce por su cuerpo, el cual es construido de plástico negro y por lo general de forma cilíndrica.

En los esquemas que aparecen en las páginas 11, 12, 12 y 14 se han mostrado las conexiones eléctricas del capacitor de Arranque con el Relay de Potencial. Esta es la conexión más común en los condensadores de los equipos de aire acondicionado.

El Capacitor de Arranque es de mayor capacitancia (capacidad de almacenamiento de electrones, corriente) que el capacitor Marcha. La capacitancia del capacitor se expresa en Microfaradios (**MFD, µf**)

Algunos capacitores de arranque tienen soldada una resistencia entre sus terminales. La resistencia es encargada de descargar al capacitor una vez que ha sido sacado del circuito.

Esta resistencia es usada en los capacitores de arranque que utilizan un Relay de Potencial. La función de la resistencia es la de proteger al Relay de Potencial para que el mismo no se queme. Si el capacitor se queda cargado, la próxima vez que el motor trata de arrancar, la descarga de corriente del capacitor es tan elevada que puede quemar la bobina del Relay.

CAPACITOR DE MARCHA.

A diferencia del Capacitor de Arranque, el Capacitor de Marcha no tiene que salir del circuito. De hecho tiene que permanecer en el mismo, ya que de lo contrario, el motor se detiene. Su nombre indica que va a ser usado durante la marcha.

Todos los motores eléctricos del tipo **PSC**, (Motor con Capacitor Permanente Dividido) necesitan un capacitor de marcha para permanecer funcionando después del arranque.

En la mayoría de los sistemas de aire acondicionado residencial, hasta cinco toneladas, el motor que utiliza el ventilador del condensador y el Blower, es el tipo PSC (Permanent Split Capacitor). En la figura de la pagina 15 se puede ver la conexión del motor del ventilador del condensador.

El cuerpo del capacitor de marcha por lo general es fabricado de metal, aunque en ocasiones es fabricado de plástico gris. Este capacitor siempre tendrá menor capacitancia que el de arranque.

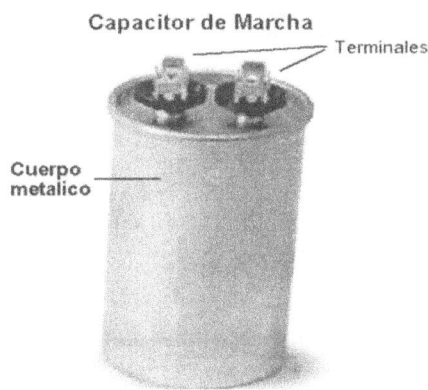

Capacitor de Marcha

Terminales

Cuerpo
metalico

Capacitores de Marcha (Run Capacitor)

En los compresores que utilizan el motor eléctrico PSC (Permanent Split Capacitor) como motor impulsor, utilizan solamente un capacitor de marcha. En toda unidad de condensación, que utiliza este compresor, el motor del ventilador también estará provisto de un capacitor de Marcha. Estos dos capacitores individuales pueden ser sustituidos por un solo capacitor doble. (Dual). El capacitor dual no es más que la unión del capacitor del ventilador del condensador con el capacitor del compresor en un solo cuerpo.

CAPACITOR DUAL. TIENE TRES TERMINALES

Los terminales de este capacitor están claramente identificados para no cometer errores al instalarlo.

En la siguiente figura, se pueden observar como están identificados los terminales de este tipo de capacitor

CAPACITOR DUAL CILINDRICO

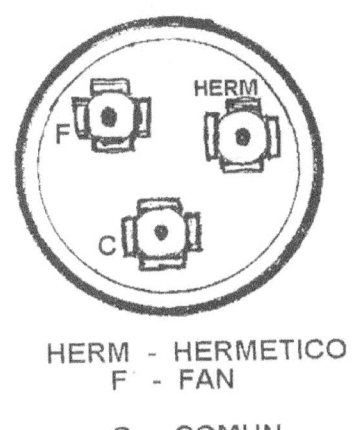

HERM - HERMETICO
F - FAN

C - COMUN

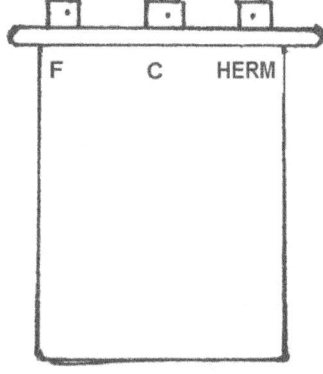

En el siguiente esquema se puede observar como este capacitor es conectado al compresor y al motor del ventilador del condensador. Las conexiones del ventilador siempre tienen que ser conectadas a los terminales correspondientes ya que la capacitancia para el ventilador es la menor. Si se conectara el motor del ventilador al capacitor del compresor, se corre el riesgo de que el motor del ventilador, se pueda quemar. Esto se debe a que la capacitancia del capacitor del compresor, es mucho mayor que la del motor del ventilador.

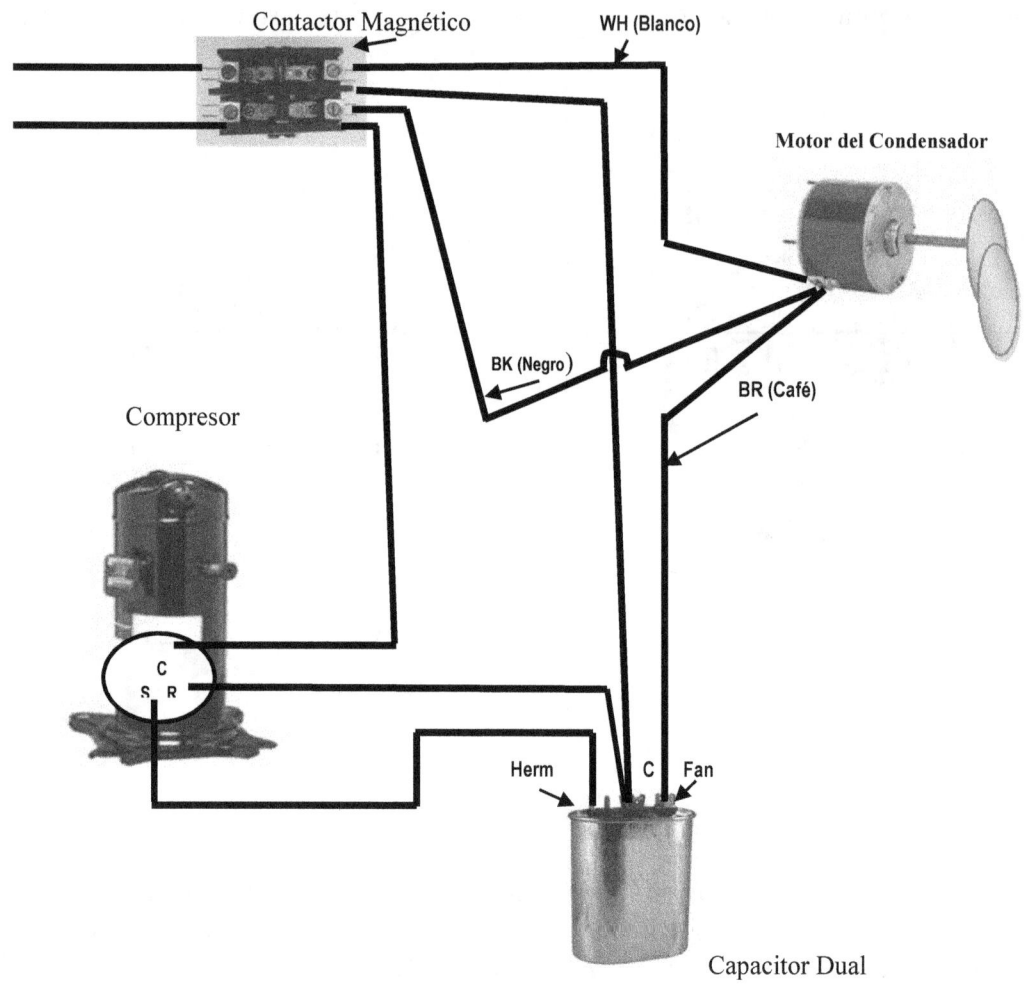

Contactor Magnético

WH (Blanco)

Motor del Condensador

BK (Negro)

BR (Café)

Compresor

C
S R

Herm   C   Fan

Capacitor Dual

El capacitor usado en el motor del ventilador, puede ser de **4, 5, 7.5 ó 10 MFD (µf)** y el usado en el compresor va desde **35** hasta **55 MFD (µf).** Esto significa que no todos los compresores y motores del ventilador utilizan el mismo capacitor. Asegúrese de usar el capacitor de la capacitancia correspondiente.

CHEQUEO DE LOS CAPACITORES.

- **Capacitor de Arranque**

En ocasiones, se hace necesario comprobar si el capacitor conectado a un motor o compresor tiene la capacitancia que indica. Cuando esto ocurre, es necesario medir su capacitancia. Para medir la capacitancia de cualquier capacitor, puede ser empleado el capitester, que es un instrumento diseñado exactamente para este propósito, o un multi-metro. En la actualidad existen milímetros que pueden ser usados para medir capacitancia, indicando los microfaradios que tiene el capacitor. Cuando se usa cualquiera de estos instrumentos, podemos conocer con exactitud el valor de la capacitancia.

El multimetro análogo también puede ser usado para comprobar si un capacitor esta bueno. Si el multimetro no especifica que puede medir capacitancia, lo más que podremos saber es, si el capacitor esta bueno y no su capacitancia.

Para comprobar si un capacitor sirve, usando un multimetro análogo, proceda de la siguiente forma.

1. Asegúrese que el capacitor esta descargado
2. Coloque el selector de escalas, en la escala de resistencia **R x 10** en el multimetro. Con las agujas del multimetro, toque los terminales del capacitor. Si el capacitor está en buen estado, la aguja se moverá rápidamente hacia Cero y regresara lentamente hacia el extremo opuesto Si la aguja no regresa a infinito, el capacitor tiene un corto circuito interno.
3. Si la aguja no se mueve, trate nuevamente pero en esta ocasión, coloque el selector en la escala **R x 100** e invierta las conexiones.

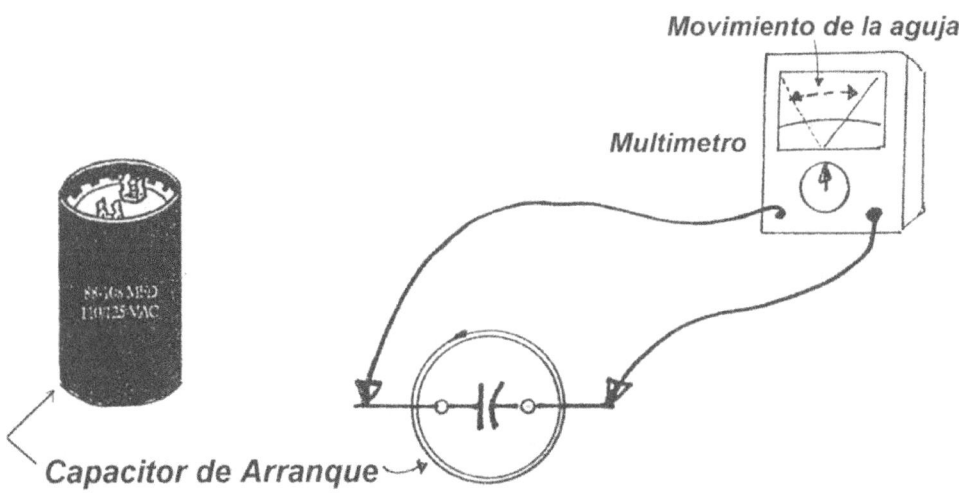

Movimiento de la aguja

Multimetro

Capacitor de Arranque

A diferencia del capacitor de Arranque, el capacitor de Marcha esta construido para trabajar continuamente mientras se encuentra instalado en el circuito eléctrico. Este capacitor generalmente utiliza aceite en su recipiente para disipar calor. El cuerpo del Capacitor puede ser construido de metal o plástico gris.

Algunos capacitores de Marcha tienen un Terminal identificado para que la conexión al motor sea la correcta. En el caso del capacitor usado en un compresor de aire acondicionado, el Terminal identificado debe ser conectado a la misma línea donde va conectado el Terminal **R** (marcha) del compresor.

Cuando se usa un capacitor de Marcha Dual, el Terminal identificado será el Común del capacitor y este Terminal irá conectado a la misma línea que se conecta el Terminal de Marcha del compresor o sea a la **R**. En la actualidad, algunos multimetros pueden ser usados para medir la capacitancia. Cuando se quiere saber si un capacitor sirve, procedemos de la forma que se muestra a continuación. Para saber si el capacitor esta ido a tierra, la escala del multimetro debe cambiarse a resistencia (Ω)

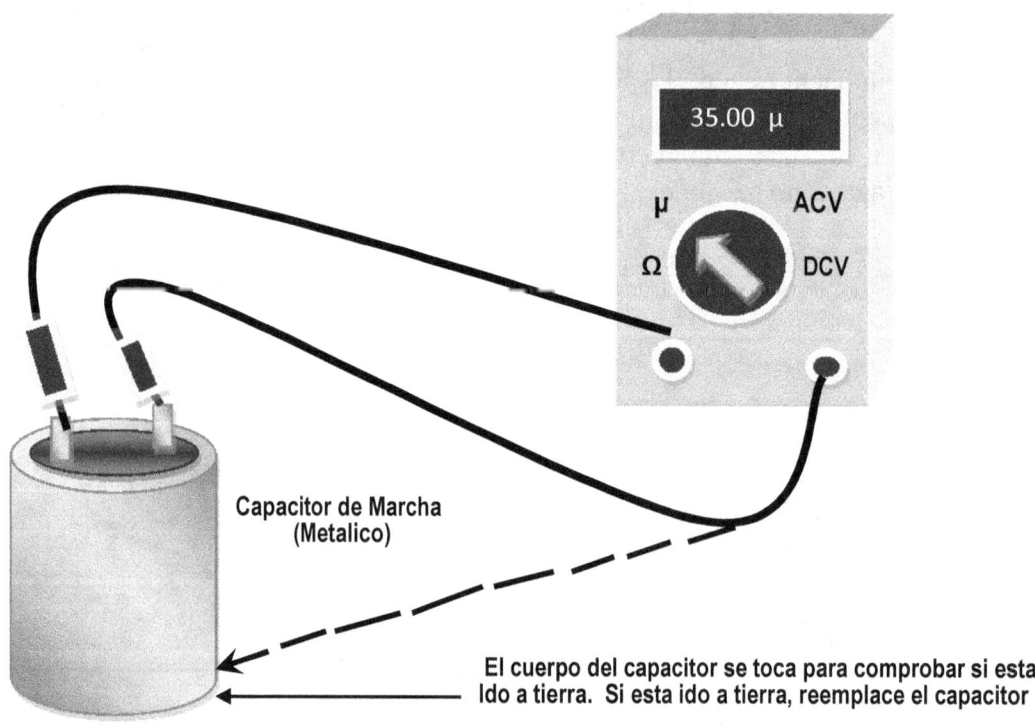

Capacitor de Marcha
(Metalico)

El cuerpo del capacitor se toca para comprobar si esta
Ido a tierra. Si esta ido a tierra, reemplace el capacitor

NOTA: El Terminal identificado del capacitor, ***SIEMPRE*** debe ir conectado a la línea de alimentación (voltaje) y de este Terminal tiene que ir conectado a la "***R***" del compresor. El Terminal "***S***" del compresor tiene que ser conectado al Terminal **no identificado** del capacitor o al **HERM** del capacitor dual. ***NUNCA*** conecte el Terminal ***S*** a la Línea, este **SIEMPRE** va conectado al Terminal no identificado del capacitor

CAPACITORES DE VARIAS COMBINACIONES DE CAPACITANCIAS

Otro tipo de capacitor que se está vendiendo actualmente permite realizar varias combinaciones de microfaradios con un solo capacitor. El capacitor que se ve a continuación es usado en la unidad de condensación para el compresor y el ventilador del condensador.

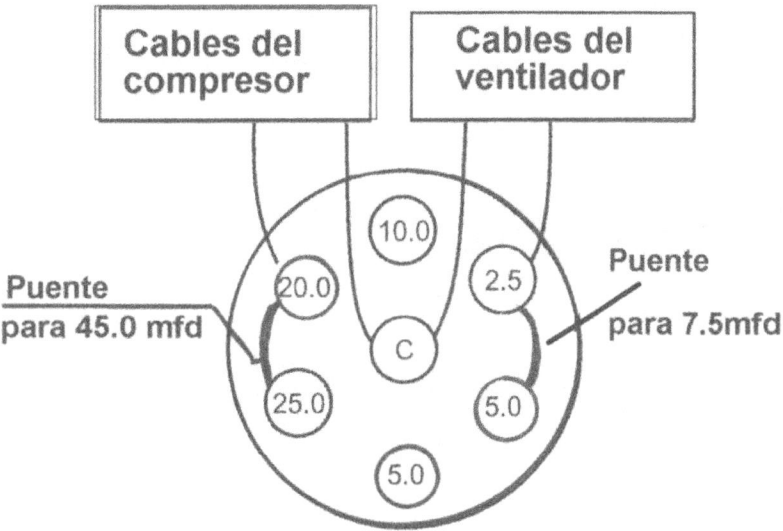

Como se puede en este ejemplo, para el compresor se usa una capacitancia de 45μ y para el ventilador se usan 7.5μ. Si se necesitaran 30 ó 35μ se cambian los cables para obtener dichas capacitancias

A continuación se pueden ver las diferentes combinaciones de microfaradios que se pueden obtener para el ventilador del condensador o para el Blower.

Guia

Cap	Seleccione			Para re-emplazar
1	2.5* (3mfd)			= 3mfd
2		5** (4mfd)		= 4mfd
‡ 3			5*** (6mfd)	= 5mfd
4			5*** (6mfd)	= 6mfd
5	2.5* (3mfd)	5** (4mfd)		= 7.5mfd
†† 6		5** (4mfd)	5*** (6mfd)	= 10mfd
7	2.5* (3mfd)	5** (4mfd)	5*** (6mfd)	= 12.5mfd

* Puede ser usado para 3mfd
** Puede ser usado para 4mfd
*** Puede ser usado para 6mfd

Ejemplo A:

Ejemplo B:

Capacitor pequeño (Turbo200Mini)

AL VENTILADOR

AL VENTILADOR

Puente

En la siguiente figura se puede ver la diferencia entre el capacitor de Marcha y el de Arranque

Capacitor de Marcha (Metal)

Capacitor de Arranque (Plástico)

Controles Usados en Sistemas de Aire Acondicionado y Refrigeradores

NOTAS.

CONTROLES USADOS EN LOS EQUIPOS DE AIRE ACONDICIONADO.

RELAYS.

Un Relay es un dispositivo eléctrico o electrónico de control, el cual opera con una señal eléctrica, controlando el funcionamiento de diferentes componentes eléctricos como motores, ventiladores y compresores, los cuales se pueden encontrar en el mismo circuito o en otros circuitos.

Existen dos tipos de Relay usados en el sistema de aire acondicionado y refrigeración como dispositivos de control son los que operan con un electroimán (electromagnético) para cerrar sus contactos y los que cierran los contactos por medio del calor o temperatura (térmicos).

La diferencia que existe entre estos dos tipos de Relay, es que el electromagnético produce el cierre de los contactos inmediatamente, ya que al circular el voltaje por la bobina, se crea un electroimán que cierra los contactos. Estos contactos se mantienen cerrados hasta que deja de pasa corriente a través la bobina...

En el Relay térmico, el cierre de los contactos depende del calor que circula por un elemento bimetálico, que forma parte del mismo, y el cual al calentarse produce el cierre de los contactos. Como el calentamiento del bimetálico toma tiempo, el cierre de los contactos no es instantáneo como en el del Relay electromagnético.

Entre los Relay electromagnético más comúnmente usados, encontramos los siguientes.

- ▶ **Relay de Corriente**
- ▶ **Relay de Potencial.**

El Relay de Corriente es muy usado en motores de una fase y de fracciones de Caballos de Fuerza, los cuales no necesitan un elevado torque de arranque. Cuando se necesita un mayor torque de arranque, pueden ser usados capacitores de arranque y/o marcha. Este Relay es muy común verlo usar en el arranque de lo compresores de los refrigeradores.

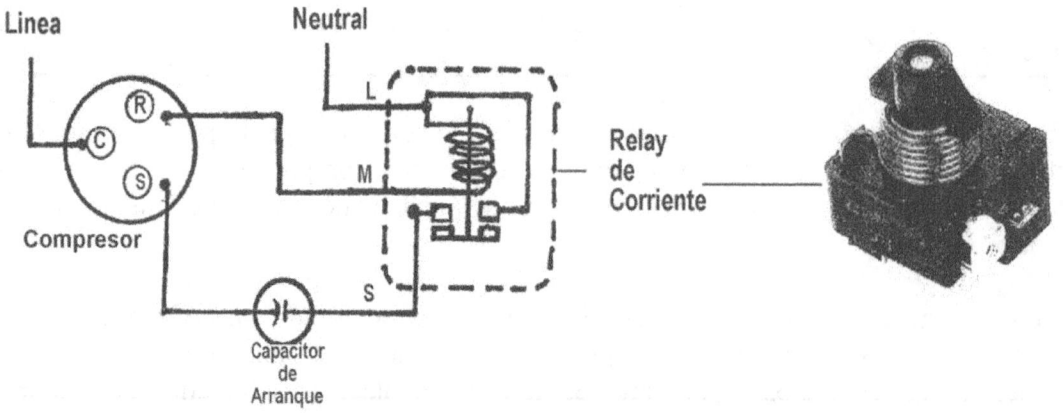

Este dispositivo está formado por un pequeño enrollado el cual no es muy largo, pero de un diámetro superior al del enrollado de Marcha del compresor. Este enrollado es de muy baja resistencia (1-ohm o menos) y debido a su diámetro, por el mismo puede pasar toda la corriente que circula por el compresor en el momento de arranque.

Como puede verse en la figura anterior, el enrollado del Relay está conectado en serie con el enrollado de Marcha del compresor. Los terminales de la bobina del Relay son **L** y **M**. El contacto necesario para el arranque debe ocurrir entre la **S Arranque)** y la **R (Run, Marcha)** del compresor.

Cuando el compresor es energizado, se pone en funcionamiento, la corriente que circula por el enrollado del Relay crea un electroimán que cierra los contactos circulando corriente por ambos enrollados (Arranque y Marcha) y el compresor arranca. Una vez que el compresor arranca, lo cual ocurre en fracciones de segundo, el campo magnético a través de la bobina dcl Rclay disminuyc considcrablcmcntc, lo cual hacc quc los contactos se abran nuevamente saliendo del circuito el enrollado y el capacitor de arranque.

El Relay de Corriente, solo puede ser instalado en una sola posición, o sea entre los terminales **S** y **R**. En la siguiente figura se puede apreciar su instalación

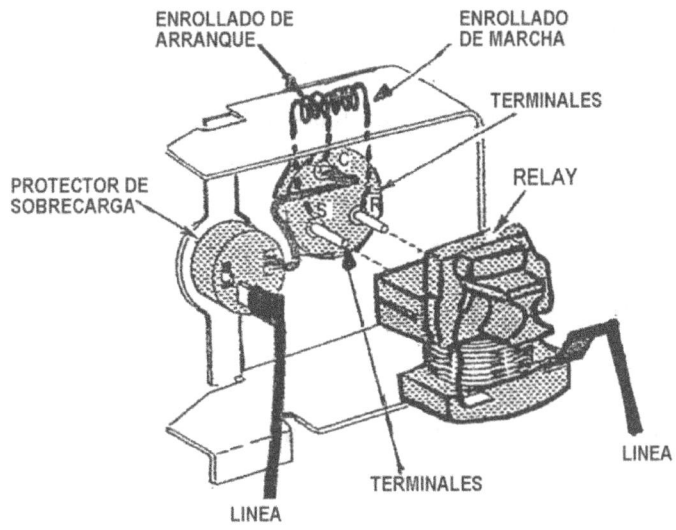

ENROLLADO DE ARRANQUE

ENROLLADO DE MARCHA

TERMINALES

RELAY

PROTECTOR DE SOBRECARGA

TERMINALES

LINEA

LINEA

RELAY DE POTENCIAL (VOLTAJE)

E Relay de Potencial, también conocido como Relay de Voltaje, es usado en los motores eléctricos de una fase, que utilizan un Capacitor de Arranque. Este Relay tiene como función, sacar al capacitor y al enrollado de arranque del circuito una vez que el motor alcanza el 75% de las revoluciones.

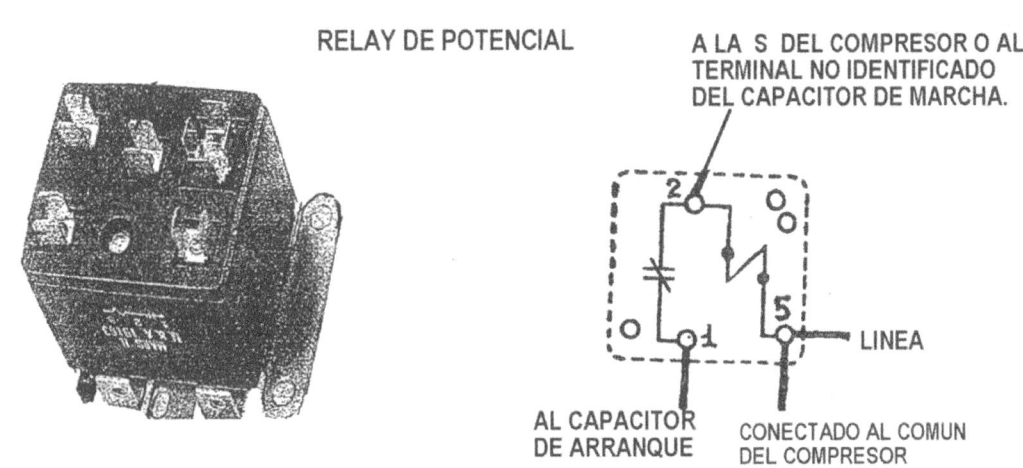

RELAY DE POTENCIAL

A LA S DEL COMPRESOR O AL TERMINAL NO IDENTIFICADO DEL CAPACITOR DE MARCHA.

LINEA

AL CAPACITOR DE ARRANQUE

CONECTADO AL COMUN DEL COMPRESOR

Este Relay consiste de un enrollado que tiene una resistencia bastante elevada, debido al diámetro del alambre usado. Esta resistencia puede tener un valor de hasta 40,000-ohms, lo cual hace que la corriente (amperaje) a través de la misma sea muy baja. También en este Relay, encontramos un par de contactos normalmente cerrados, los cuales se abren cuando la bobina es energizada. Cuando esto ocurre, el campo magnético creado por la bobina, hará que estos contactos se abran y se interrumpa el paso de la corriente eléctrica a través del Capacitor de Arranque y del Enrollado de Arranque.

El enrollado o bobina del Relay se encuentra entre los terminales **2-5** y los contactor entre **1-2.** Ver figura anterior.

El Capacitor de Arranque usado con el Relay de Potencial siempre tiene una resistencia conectada entre sus terminales. Esta resistencia es la encargada de descargar al capacitor una vez que el mismo es sacado del circuito. La función de la resistencia, es la de proteger al Relay de Potencial.

Cuando el sistema se pone en funcionamiento, en la bobina del Relay de Potencial se crea un electroimán lo suficientemente fuerte para abrir los contactos 1 y 2 del Relay. En el momento que estos contactos se abren, por el Capacitor de Arranque deja de circular corriente eléctrica, ya que los contactos abren el circuito. A partir de este momento el compresor continúa funcionando por inducción y con ayuda del Capacitor de Marcha. Ver esquema en la página 15

El Relay de Potencial debe ser seleccionado adecuadamente para cada tipo de compresor. Este Relay no debe ser cambiado por otro cualquiera sin estar seguros de es el que le corresponde al compresor. La razón por la cual se hace esto, es porque el Relay de Potencial es fabricado con diferentes características y las mismas deben corresponder con las del compresor con el que será usado. Antes de cambiar arbitrariamente un Relay, consulte el manual de servicio o con el fabricante del compresor para seleccionar el adecuado.

COEFICIENTE DE TEMPERATURA POSITIVA. (PTC)

Un Coeficiente de Temperatura Positiva, no es más que un termistor. Un termistor es el dispositivo eléctrico en el cual se produce un aumento de resistencia eléctrica a medida que en el mismo aumenta la temperatura. De la misma manera que el **PTC** aumenta su resistencia, existe otro dispositivo en el cual su resistencia disminuye con un aumento de temperatura. Este dispositivo es conocido como Coeficiente de Temperatura Negativa (**NTC**). Este dispositivo es usado en otras aplicaciones eléctricas, pero de la misma manera hace que aumente o disminuya su Resistencia cuando ocurre un cambio de temperatura. En el NTC, cuando su temperatura, aumenta, su resistencia disminuye.

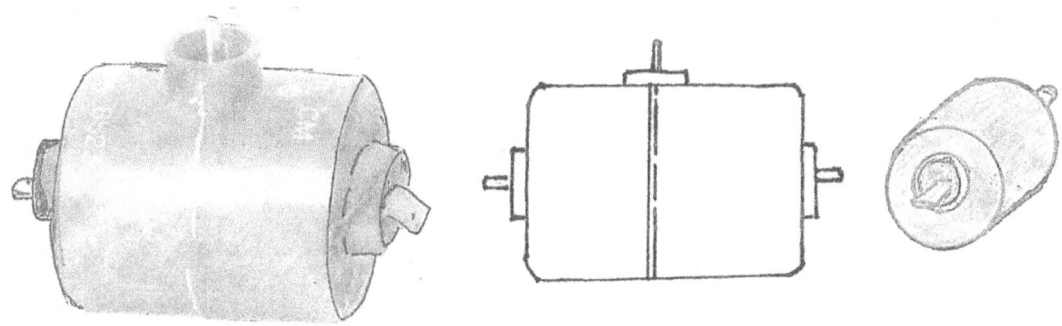

Coeficiente de Temperatura Positiva (PTC)

El PTC utilizado en algunos sistemas de aire acondicionado, es usado para ayudar en el arranque del compresor.

Este **PTC** es usado en sistemas de Aire Acondicionado, con el propósito de incrementa el torque de arranque (par de arranque) del compresor y una vez que el compresor arranque, el PTC no permite que por el enrollado de arranque no circule corriente.

El **PTC** también es conocido como **Start Assistant Device (SAD). El S.A.D.** el cual es un dispositivo de cerámica sólido, que puede incrementar el torque de arranque del motor **PSC (Permanent Split Capacitor),** usado en un compresor, hasta 500%. Este dispositivo funciona como si fuera un capacitor de arranque para garantizar que el compresor arranque sin problema. Cuando el compresor arranca, a través del **PTC** va a existir un flujo de corriente el cual causará que su temperatura se incremente considerablemente en fracciones de segundo. Este aumentode temperatura hará que la resistencia del **PTC** también aumente a un nivel tal que impedirá el paso de corriente eléctrica por el mismo.

El **SAD** es usado en equipos de aire acondicionado que utilizan motores PSC en los compresores. Una vez que el compresor arranca, el mismo continuara funcionando como un motor PSC normal.

A continuación se muestra la conexión del **SAD. (Start Assistant Device**

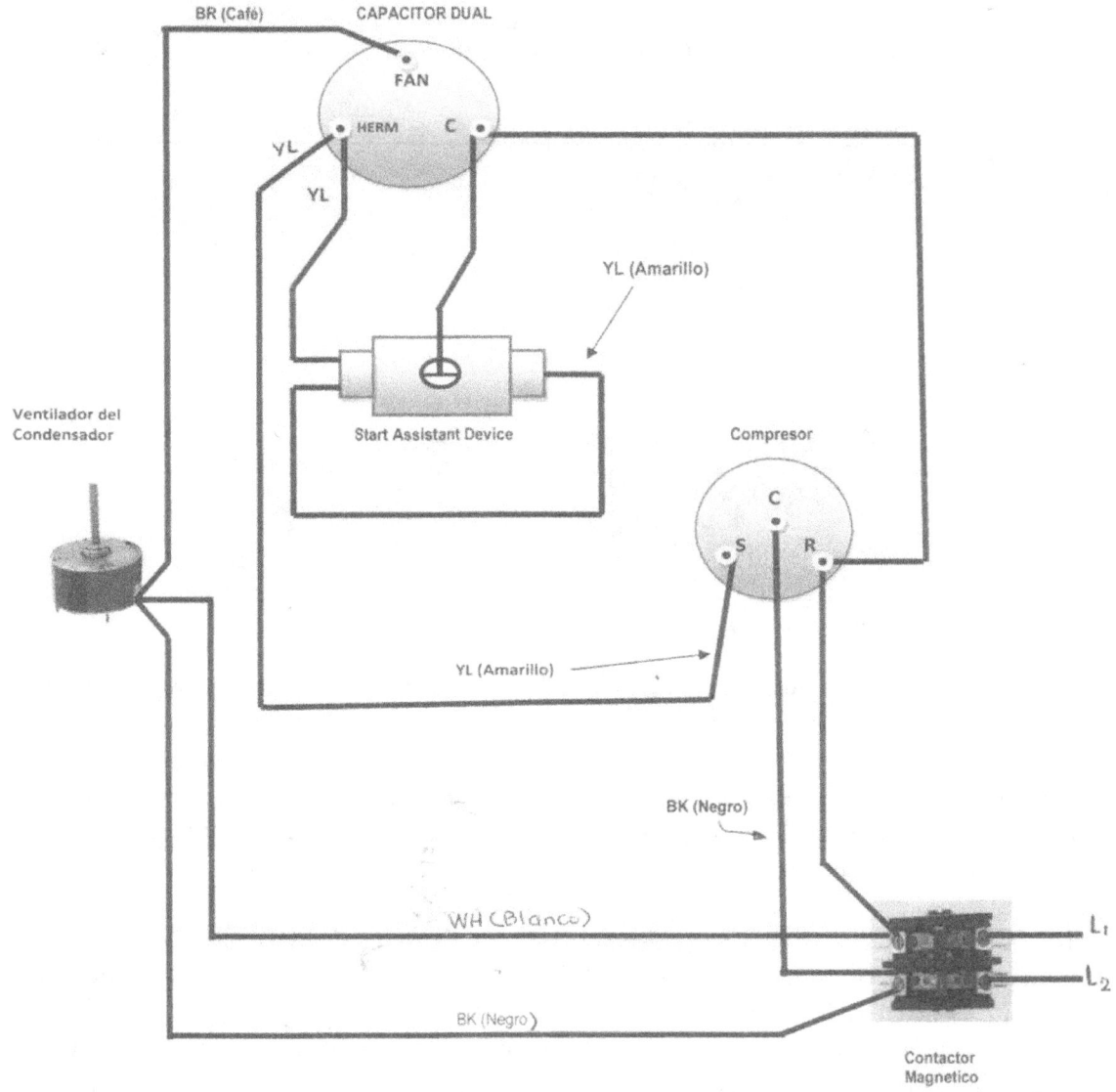

START ASSISTANT DEVICE.

El Start Assistant Device (**SAD**) es un dispositivo construido de cerámica semiconductora la cual tiene la característica de poder incrementar el torque de arranque de un motor PSC (Permanent Split Capacitor) hasta un 500%. Este dispositivo, cuando es usado, actúa como si fuera un capacitor de Arranque con un Relay de Potencial. El **SAD** mejora la habilidad de un motor PSC, ya que el mismo aumenta, momentáneamente, la corriente suministrada al enrollado de arranque. Una vez que el motor arranca, la resistencia a través del mismo cambia de muy baja a considerablemente alta. Al ocurrir esto, el motor trabajara como un motor PSC normal.

La ventaja de usar este dispositivo para el arranque, es que el mismo no tiene partes en movimiento como el Relay. No tiene contactos que puedan desgastarse ni bobinas que puedan quemarse. Además son menos costosos que el Relay de Potencial y el Capacitor de arranque.

El **SAD** va conectado en paralelo con el Capacitor de Marcha

CONEXION DEL START ASSISTANT DEVICE (S.A.D). (POSITIVE TEMPERATURE COEFFICIENT)

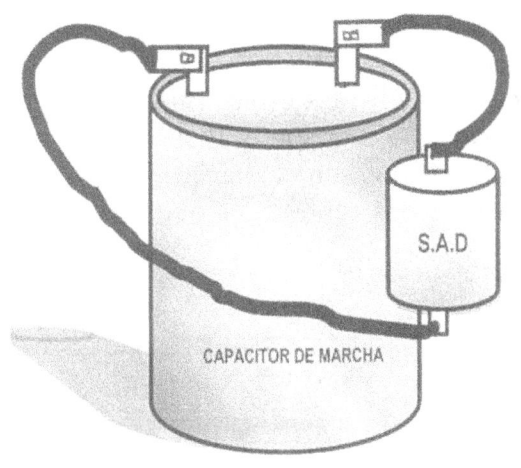

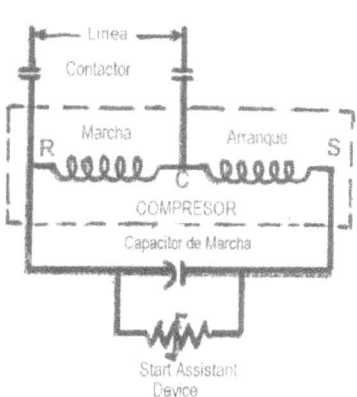

TRANSFORMADOR.

El transformador usado en los sistemas centrales de aire acondicionado, es del tipo reductor de voltaje. A este transformador se le puede suministrar 208 o 230 Volts (alto voltaje) para obtener 24 Volts (bajo voltaje) a su salida. El alto voltaje tiene que ser reducido ya que los controles del sistema, operan con 24 Volts. A muchos transformadores se les puede suministrar diferentes voltajes para obtener 24 volts, pero este tipo, el que utiliza 208 ó 230 volts es el más usado en aire acondicionado central.

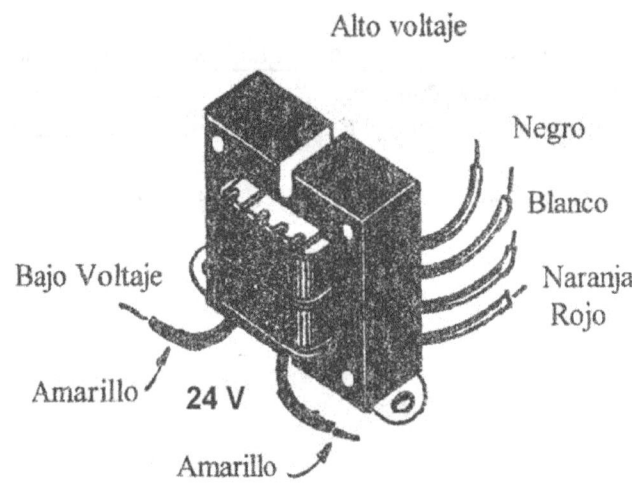

En el transformado de la figura anterior, el cable Blanco (WH) es el **Común**. Si el voltaje que se conectara al enrollado primario es de 115 Volts, los cables Blanco (WH) y Negro (BK) serán usados Si el voltaje es 208, los cables a usar son el Blanco (WII) y el Rojo (RD). Si el voltaje es 230, entonces los cables usados son el Blanco (WH) y el Naranja (OR). Recuerde que solamente deben ser usados dos cables. Los que no son usados no deben ser conectados.

En este esquema se puede observar que el voltaje primario que puede ser utilizado, puede ser de diferentes valores, pero recuerde que solo será usado uno. Por lo general, en los sistemas de aire acondicionado central, no es usado el voltaje de fuerza de 120 Volts

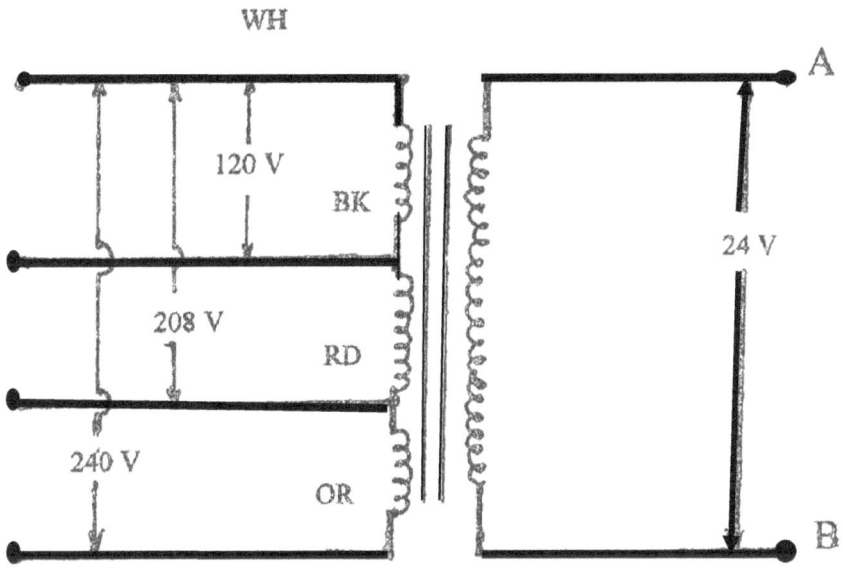

CONEXIONES DEL TRANSFORMADOR.

El transformador, en el aire acondicionado central o residencial, es el encargado del suministro del bajo voltaje al termostato y el termostato es el encargado de suministrarlo a los controles del equipo. Esto quiere decir que el termostato es el encargado de controlar la temperatura del lugar en que se encuentra instalado, encendiendo y apagando el sistema de acuerdo con dicha temperatura.

Existen dos tipos de termostatos, el de línea y el de bajo voltaje. El usado en el aire acondicionado central es el de bajo voltaje es por eso que todo lo que a continuación se explica, es relacionado con este tipo de termostato.

El termostato de línea es aquel al cual se le suministra el mismo voltaje con el que trabaja el equipo que controla. Si el equipo trabaja con 120 Volts, el termostato también trabajara con 120 Volts. Si el equipo trabaja con 220 Volts, el termostato operara con 220 Volts.

El termostato de línea es usado en refrigeradores domésticos, aire acondicionado de ventana, bebederos de agua etc.

Tubo sensor de temperatura

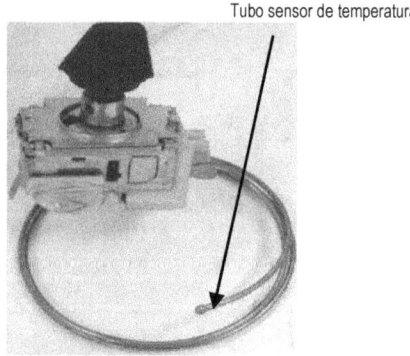

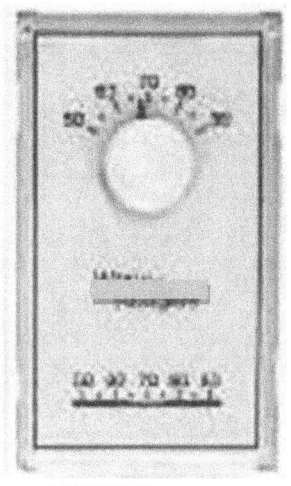

VERTICAL

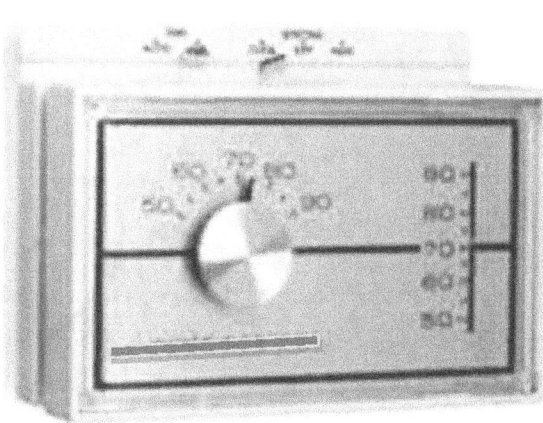

HORIZONTAL

Este tipo de termostato controla la temperatura del lugar donde se encuentra instalado, de acuerdo con la temperatura a la cual se ajusta. La temperatura del aire de retorno es la que hará que el termostato apague y encienda el equipo. El material usado para abrir y cerrar los contactos que ponen en funcionamiento el sistema, es el Mercurio (Hg)
.

Este termostato fue uno de los más comúnmente usados y aun se usa, aunque en la actualidad los termostatos digitales han adquirido gran popularidad. A pesar de estos últimos ser digitales, sus conexiones son las mismas que las de un termostato de Mercurio.

El termostato de Mercurio (Hg), en la mayoría de los casos, tiene una tapa o cobertura, una base así como una sub-base donde son hechas las conexiones eléctricas.

En la siguiente página se puede observar la sub-base de un termostato de **Mercurio**, horizontal. En esta figura, se pueden observar las diferentes letras donde son conectados los cables que suministraran el bajo voltaje a los controles. En esta figura también se muestra donde va conectado el cable que viene del transformador

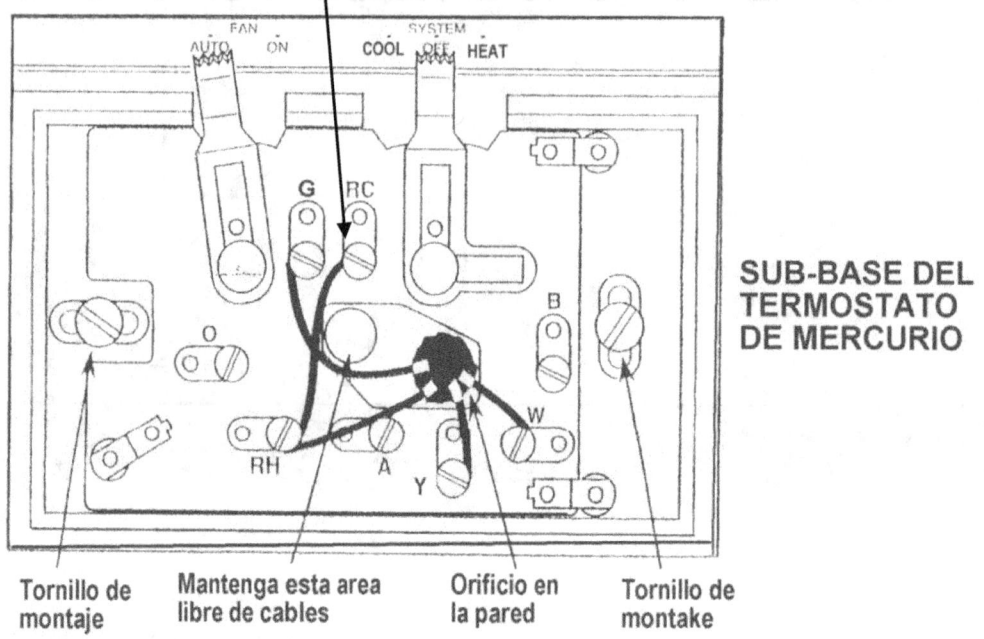

El cable del transformador va conectado aquí

SUB-BASE DEL TERMOSTATO DE MERCURIO

Tornillo de montaje

Mantenga esta area libre de cables

Orificio en la pared

Tornillo de montake

En esta figura se pueden ver las letras que identifican donde deben ser hechas las conexiones de los diferentes controles usados.

Rc- RED (ROJO)	Aquí viene conectado uno de los cables de 24 V del transformador
R H- RED (Heat)	Aquí se conecta el cable Rojo que vine de **Rc**
G- GREEN (VERDE)	Aquí va conectado el cable que va al Fan Relay
Y- YELLOW (AMARILLO)	Aquí va conectado el cable que va al Contactor Magnético
W- WHITE (BLANCO)	Aquí va conectado el cable que va al Secuenciador Térmico

Las letras **C** y **H** al lado de la **R** significan **Cool (Enfriamiento)** y **Heat (Calor o calefacción)** respectivamente. Como puede verse existe un cable que conecta ambos tornillos y el mismo es instalado en la fábrica. Las conexiones identificadas con las letras **B** y **O** son usadas con las equipos de Bomba de Calor en dependencia si el termostato llama para enfriamiento o calefacción...

Las conexiones del termostato con los diferentes controles del sistema que operan con bajo voltaje, pueden verse en el esquema que aparece a continuación.

Sub-Base del termostato

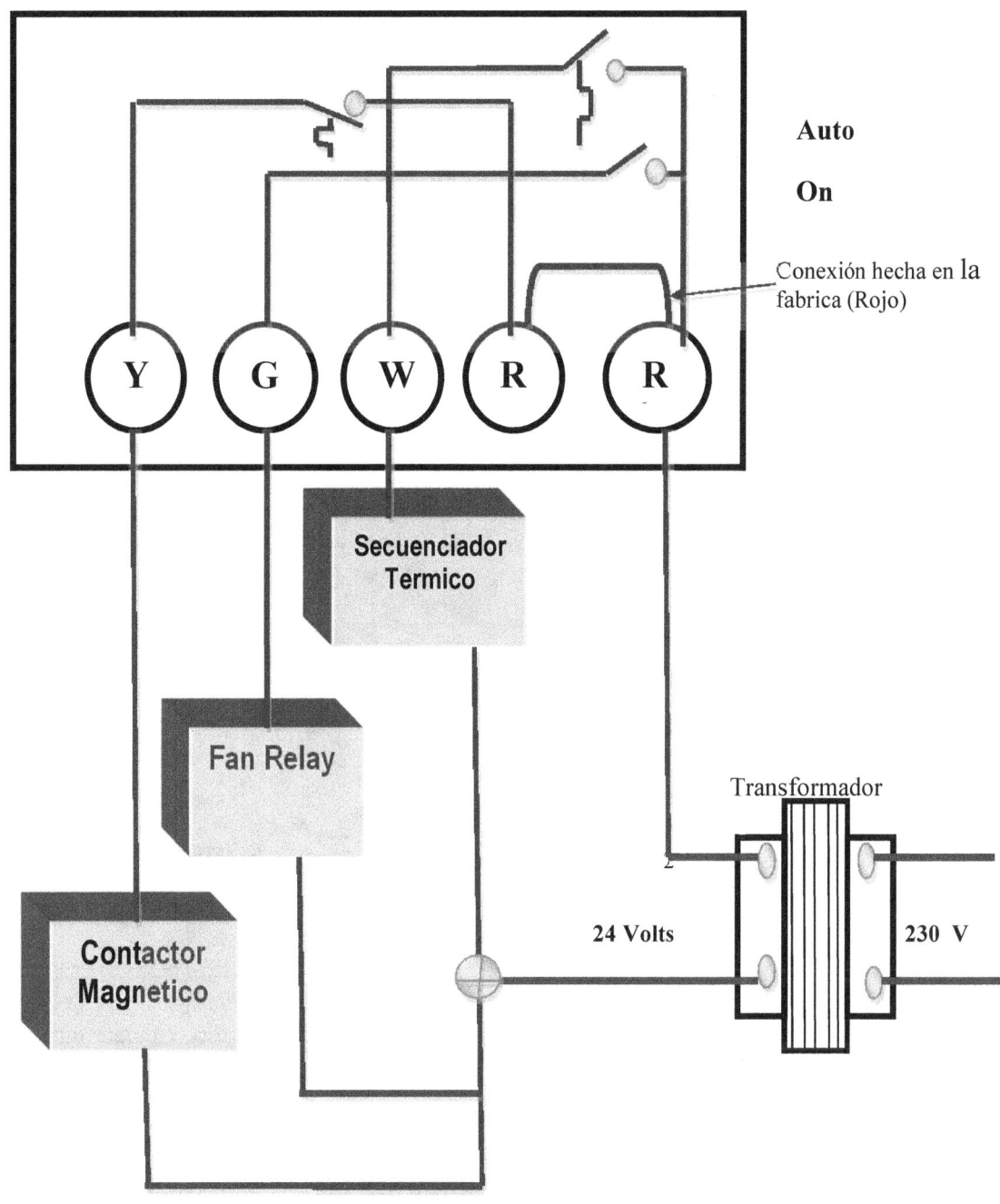

Cuando se instala un termostato de una Bomba de Calor, las conexiones son un tanto diferentes. Siempre consulte el manual de instalación que viene con el termostato. A continuación se muestran las conexiones de un termostato usado en una Bomba de Calor usada para enfriamiento y calefacción.

Este termostato de **Mercurio,** cuando es usado en una Bomba de Calor, es necesario realizar las conexiones de acuerdo a lo mostrado a continuación

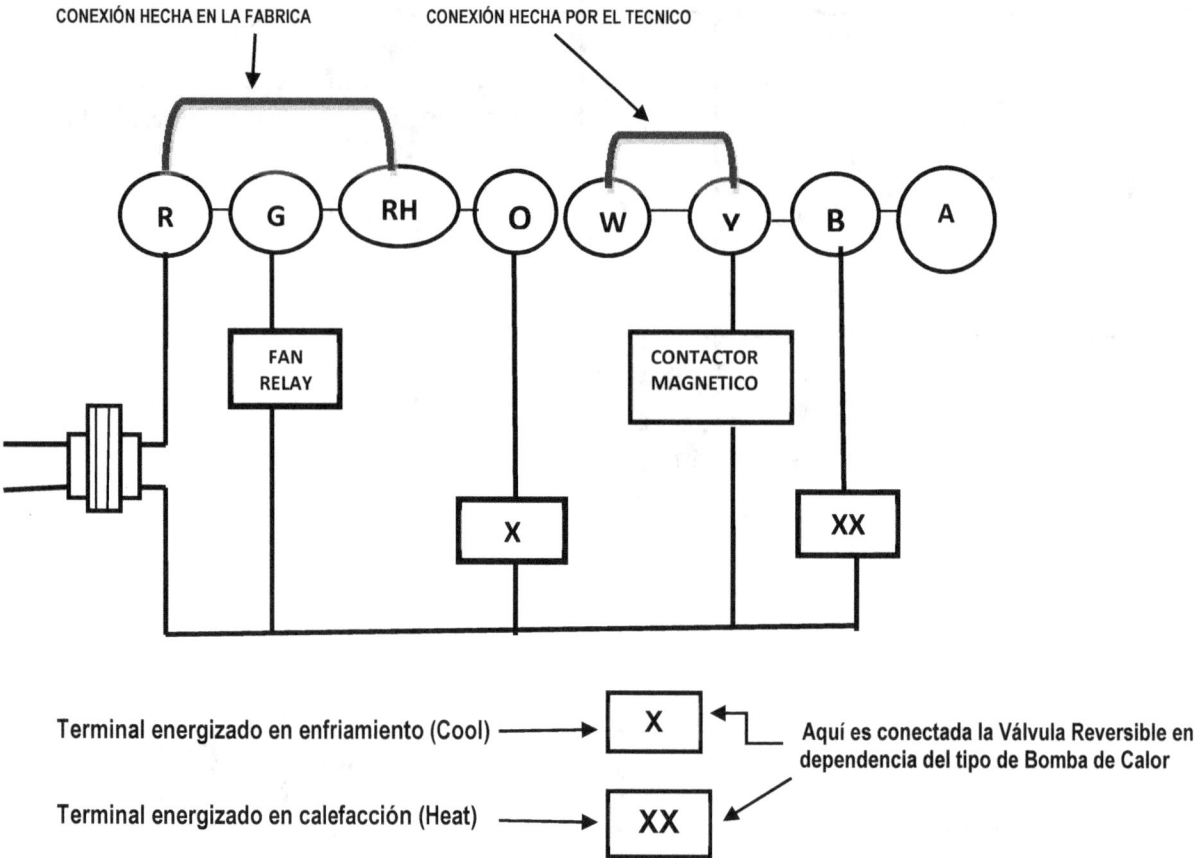

La conexión entre **Y–W,** es hecha para que el compresor arranque durante la calefacción. Como en la Bomba de Calor no es usado el Secuenciador Térmico, es necesario que el Contactor Magnético se energice para que el compresor funcione cuando el sistema se pone en Calefaccion.

En la actualidad están siendo usados termostatos nuevos, digitales, (ver figura abajo) los cuales reemplazan a los termostatos de Mercurio. Estos termostatos digitales pueden ser de diversos tipos; programables, no programables, con controles en la pantallas etc. Aunque los termostatos sean digitales, las conexiones son las mismas. Los colores usados en los cables de conexiones, en muchos casos son los mismos, Rojo (RD), Verde (GR), Blanco (WH) y Amarillo (YL) y le suministran voltaje a los mismos controles; Fan Relay, Contactor Magnético y Secuenciador Térmico.

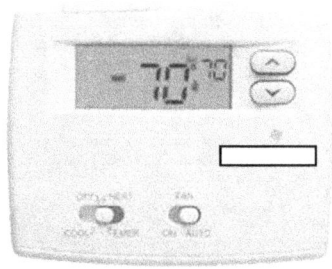 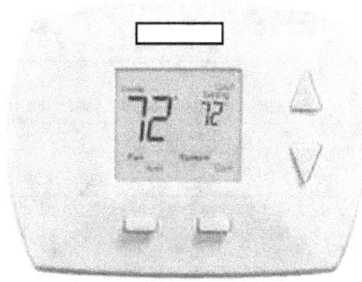

En la siguiente pagina, se muestran diferentes tipos de conexiones del termostato, de acuerdo a su uso o el sistema en que se usa.

Diagramas de conexiones

Sistema de calefacción y aire acondicionado de 4 alambres

Terminales de la placa de pared

Alambre puente

Selector del sistema

STD

HP

R G W Y (B/B) (B/C)

Relé del ventilador | Relé y válvula de calefacción | Contactor de aire acondicionado | Suministro de 24 V para calefacción o aire acondicionado

Sistema de calefacción y aire acondicionado de 5 alambres

Terminales de la placa de pared

No hay alambre puente

Selector del sistema

STD

HP

R G W Y (B/B) (B/C)

Relé del ventilador | Relé y válvula de calefacción | Contactor de aire acondicionado | Suministro de 24 V para calefacción o aire acondicionado | Suministro de 24 V para el aire acondicionado

Sistema de bomba de calor de una sola etapa

Terminales de la placa de pared

Alambre puente

Selector del sistema

STD

HP

R G W Y (B/B) (B/C)

Modo de calefacción O Modo de aire acondicionado

Suministro de 24 V | Relé del ventilador | Contactor del compresor | Válvula inversora

Conecte al terminal correcto de la válvula inversora. Vea la Tabla A.

Sistema de calefacción solamente de 2 alambres

Terminales de la placa de pared

Alambre puente

Selector del sistema

STD

HP

R G W Y (B/B) (B/C)

Relé y válvula de calefacción | Suministro de 24 V para la calefacción o suministro de la válvula

Sistema de calefacción solamente de 3 alambres

Terminales de la placa de pared

Alambre puente

Selector del sistema

STD

HP

R G W Y (B/B) (B/C)

Relé del ventilador | Relé y válvula de calefacción | Suministro de 24 V para la calefacción

Sistema de aire acondicionado solamente de 3 alambres

Terminales de la placa de pared

Alambre puente

Selector del sistema

STD

HP

R G W Y (B/B) (B/C)

Relé del ventilador | Contactor de aire acondicionado | Suministro de 24 V para el aire acondicionado

X - No hay conexión

52

CONTROLES USADOS EN SISTEMAS DE AIRE ACONDICIONADO CENTRAL (RESIDENCIAL)

En todo sistema de aire acondicionado central (Split System o Sistema Dividido) existen dos unidades las cuales están separadas una de la otra. Estas dos unidades son el Air Handler (Manejador de Aire) y Condensing Unit, (Unidad de Condensación). La Manejadora de Aire va colocada en el interior de la vivienda y la Unidad de Condensación en el exterior.

Los circuitos eléctricos de estas dos unidades, son independientes, aunque en la manejadora de aire se encuentra el transformador reductor, el cual induce el bajo voltaje (24 V) necesario para que el sistema pueda funcionar debidamente.

Como fue expresado anteriormente, en este tipo de sistema de aire acondicionado, existen dos circuitos eléctricos independientes uno del otro y claramente definidos:

1. el circuito de **Control**, **Bajo Voltaje (24 V)** y
2. el circuito de **Fuerza**, **Alto Voltaje (208/230 V)**

Por lo general el circuito de control es el encargado de controlar el paso del alto voltaje a los diferentes componentes eléctricos del sistema que trabajan con alto voltaje. Estos controles permiten el paso del alto voltaje al compresor, al ventilador del condensador, al Blower y a las resistencias de la calefacción, en dependencia de la posición en que se coloca el termostato. (enfriamiento o calefacción)

Para poder controlar el alto voltaje, a estos controles se le suministra bajo voltaje. Cuando el bajo voltaje es suministrado a los controles, estos permitirán el paso del alto voltaje, cerrando los contactos que en ellos existen. Cuando se corta el suministro de bajo voltaje, estos contactos se abren, interrumpiendo el paso del alto voltaje a los componentes de fuerza, (compresor, motores eléctricos etc.)

El circuito de control, **Bajo Voltaje**, está formado por los siguientes componentes.

- Transformador (se encuentra en ambos, alto y bajo voltajes ya que al mismo se le suministra alto voltaje para que lo transforme en bajo voltaje)
- Termostato
- Relay del Ventilador Interior (Fan Relay)
- Secuenciador Térmico
- Contactor Magnético

En el circuito de **Alto Voltaje** se encuentran los siguientes componentes.

- Compresor
- Ventilador Interior (Blower)
- Ventilador Exterior
- Resistencias de la Calefacción

De los controles (Bajo Voltaje) mencionados anteriormente, el único dispositivo que encontramos en la unidad exterior es el Contactor Magnético, el resto está localizado en la Manejadora de Aire

En todo sistema de aire acondicionado comercial y residencial, es necesario el uso de dispositivos eléctricos que serán los encargados de controlar el paso de la corriente eléctrica a los diferentes componentes del sistema.

Los controles más comúnmente usados en un equipo de aire acondicionado central son.

- Fan Relay
- Secuenciador Térmico
- Contactor Magnético

En la página 48, se puede ver como van conectados estos controles al termostato y al transformador

El **Fan Relay** es el encargado de permitir el paso del alto voltaje al Blower de acuerdo con la velocidad deseada. El **Secuenciador Térmico** es el que le suministra alto voltaje a las resistencias de la calefacción y a la baja velocidad del Blower, cuando el termostato se coloca en Heat. El **Contactor Magnético** es el que controla el funcionamiento del compresor y el ventilador del condensador. Cuando el termostato se pone en Cool el **Contactor Magnético** permitir el paso del alto voltaje al compresor y al ventilador.

A todos estos dispositivos se les suministra bajo voltaje para su operación, ya que el mismo, (bajo voltaje) es el voltaje de control usado para controlar el alto voltaje.

El Fan Relay es utilizado en los equipos de aire acondicionado con el fin de permitir el paso del alto voltaje al motor del Blower (motor interior). Cuando el termostato se pone en enfriamiento (Cool), a través del Fan Relay pasa alto voltaje a la alta velocidad del Blower. Cuando el termostato se coloca en calefacción (Heat), entonces el alto voltaje pasa a través de la baja velocidad del motor.

El Fan Relay está formado por un contacto normalmente abierto (NO), otro normalmente cerrado (NC) y un enrollado o bobina a través de la cual circula el bajo voltaje. Cada uno de los extremos de estos contactos está identificado con números para su correcta conexión al ventilador del Blower y al suministro del bajo voltaje.

Los contactos 2-4 son normalmente abiertos (**N.O**.) y los contactos 5-6 son normalmente cerrados (**N.C**).

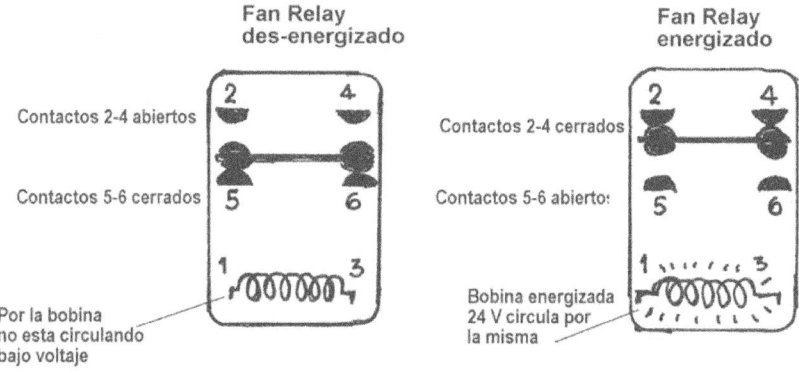

La bobina por la que circula el bajo voltaje (24 V) se encuentra entre los terminales 1-3.

Existe un tipo de Fan Relay en el cual no existe el Terminal #6. Esto significa que el Terminal #4 y el #6 están conectados entre sí internamente.

No existe conexión en #6

Si queremos comprobar si un Fan Relay está en buenas condiciones, utilizamos un multi-metro el cual colocamos en la escala de resistencia (ohm) o en el caso de que sea digital, se coloca para que tenga sonido. Con las puntas de los cables del multimetro, tocamos los terminales 1-3 (bobina) y 5-6 (contactos cerrados) y entre los mismos debe existir continuidad. Entre los terminales 2-4 (contactos abiertos), no puede existir ni resistencia ni continuidad.

Si los resultados que se obtienen no son los mencionados anteriormente, entonces reemplace o cambie el Fan Relay.

SECUENCIADOR TÉRMICO.

El Secuenciador Térmico es usado en los sistemas de aire acondicionado con el objetivo de controlar el paso del alto voltaje hacia las resistencias de la calefacción cuando el sistema se pone en Heat. Por el Secuenciador Térmico también va a pasar alto voltaje a la Baja velocidad del motor del Blower.

Al igual que el Fan Relay, el voltaje de control es de 24 volts y el mismo le es suministrado al Secuenciador Térmico, por el termostato, a través del cable Blanco (**W**)

El Fan Relay cierra y abre sus contactor por medio del electroimán que se forma en su bobina. En el caso del Secuenciador térmico, los contactos se abren y cierran de acuerdo con la temperatura, no un electroimán.

En lugar de una bobina, en el Secuenciador Térmico encontramos un bimetálico el que se expande cuando a través del mismo circula un voltaje y se contrae cuando deja de circular por el mismo. El voltaje que pasa por el bimetálico es bajo (24 V) pero el mismo es suficiente para producir el calor necesario para la expansión del bimetal. Cuando el bimetal se expande, empuja unas varillas de porcelana que tienen un diámetro pequeño y estas a la vez cierran los contactos por donde va a pasar el alto voltaje.

Bimetálico

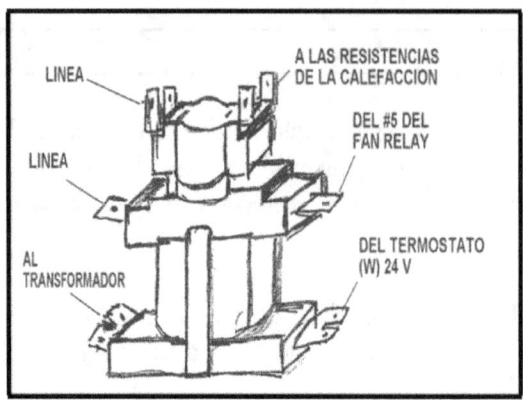

Cuando el equipo de aire acondicionado, se pone en **HEAT** (calefacción) y se aumenta la temperatura en el termostato, a través del cable Blanco **(WH)** le llega bajo voltaje al bimetálico que se encuentra en la parte baja del Secuenciador Térmico. Los contactos eléctricos del Secuenciador Térmico, por donde circula el alto voltaje hacia las resistencias y el motor del Blower, no se cierran instantáneamente. Es necesario esperar varios segundos para que el bimetal en el interior del secuenciado se caliente, se expanda y cierre estos contactos para que el alto voltaje pase por el motor del Blower y las resistencias de la calefacción.

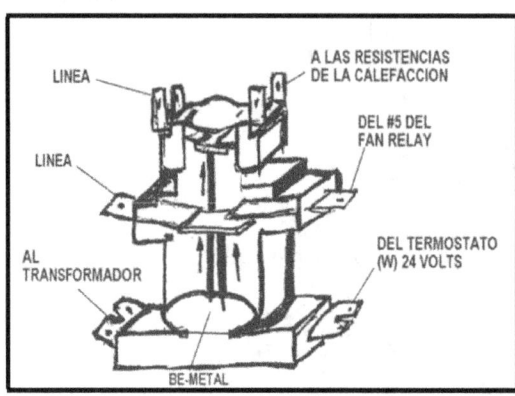

Cuando la temperatura en el interior del local o residencia sube y alcanza el nivel deseado, el termostato abre sus contactos y corta el suministro de bajo voltaje (24 Volts) al secuenciador. Cuando el bimetálico se enfría, debido a que no circula bajo voltaje por el secuenciador Térmico, los contactos del alto voltaje, se abren y deja de circular alto voltaje por las resistencias de la calefacción y el motor del Blower.

Los contactos 1-3 y 4-5 son normalmente abiertos y cuando los mismos se cierran, el alto voltaje pasa a las resistencias de la calefacción y a la baja velocidad del motor del Blower

RESISTENCIAS DE LA CALEFACCIÓN.

Cuando el termostato se coloca en Heat, durante el invierno, el Blower y las resistencias de la calefacción deben ser energizadas con alto voltaje. Para que por estos componentes circule alto voltaje, El Secuenciador Térmico tiene que ser energizado con bajo voltaje. Como se explico anteriormente, cuando en el bimetálico del Secuenciador Térmico se alcanza la temperatura deseada, los contactos **M1-M2** y **M3-M4** se cierran y pasa alto voltaje a las resistencias y al motor del Blower.

Las resistencias de la calefacción en muchos casos están conectadas en serie con un Limit Switch (térmico) y un fusible. El Limit Switch es un dispositivo de protección que se abre e interrumpe el paso de corriente a las resistencias de la calefacción cuando la temperatura se incrementa demasiado. Cuando sistema está en calefacción (Heat), es necesario que exista una protección para evitar un calor excesivo en las resistencias.

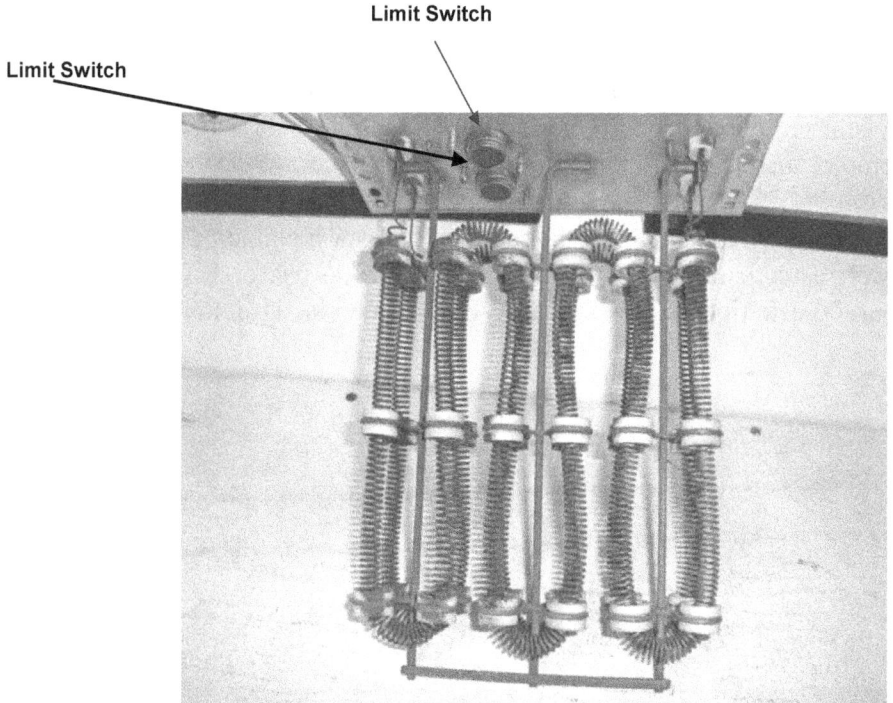

El Limit Switch es un dispositivo de protección que se abre e interrumpe el paso de corriente a las resistencias de la calefacción cuando la temperatura es muy elevada. Cuando la temperatura baja y vuelve a su normalidad, el Limit Switch se vuelve a cerrar.

Si el Limit Switch esta defectuoso y no se abre por un exceso de temperatura, entonces el _**fusible**_ abre el circuito. Estos dos dispositivos han sido incorporados en el circuito de la resistencia para evitar que por una elevada temperatura pueda producirse un incendio.

Fusibles protectores

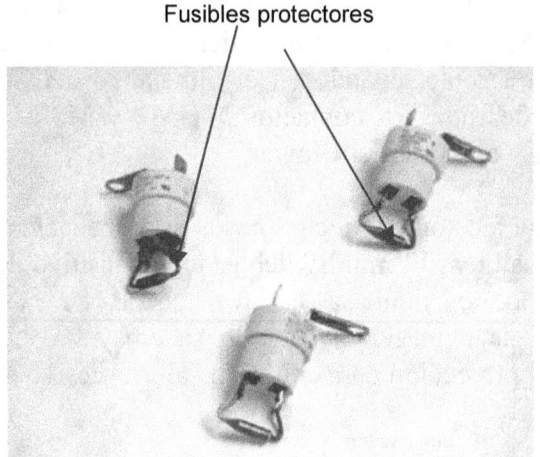

Cuando un sistema se pone en calefacción y el mismo no produce calor, estos son dos dispositivos que deben ser chequeados. Cuando la resistencia esta fría tanto el Limit Switch (térmico) como el fusible deben tener continuidad.

En algunos equipos donde la resistencia de la calefacción está instalada en el interior de la carcasa del Blower, este fusible no es usado. Solamente se usa el Limit Switch. En muchos equipos es usado este tipo de resistencia. Ver figura en la siguiente pagina.

LINEA

RESISTENCIA

LIMIT
SWITCH

En esta figura se pueden ver las resistencias de la calefacción instaladas en el cuerpo del Blower

Resistencias de la calefacción (Heaters)

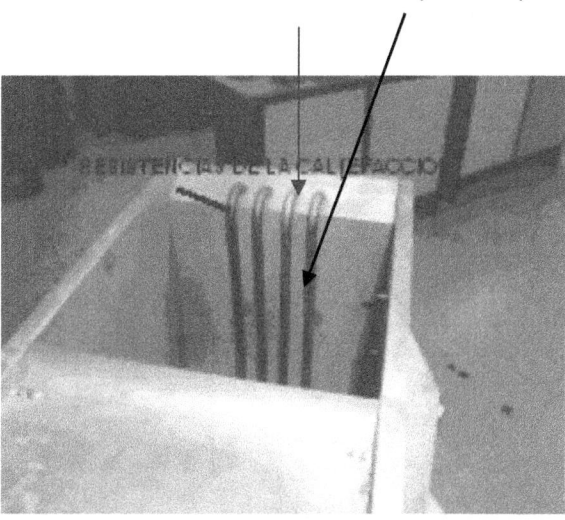

Estas resistencias eléctricas van a calentarse más lentamente que las anteriormente mostradas

Cuando en la Manejadora de Aire, éste es el tipo de resistencias que se utilizan, todos los controles y dispositivos eléctricos son instalados en el Blower. Estamos hablando de transformador, Fan Relay, Secuenciador Térmico, el capacitor del motor, el motor del Blower y el Blower. Cuando el motor del Blower tiene que ser reemplazado, todo el conjunto de Blower motor y controles, como están instalados en su cuerpo o carcasa, serán extraídos de la Manejadora de Aire al extraer el Blower.

Resistencias

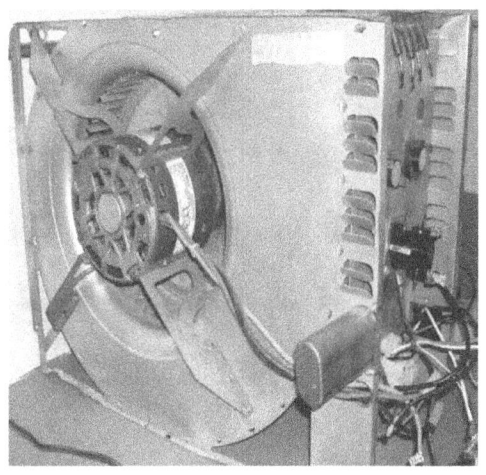
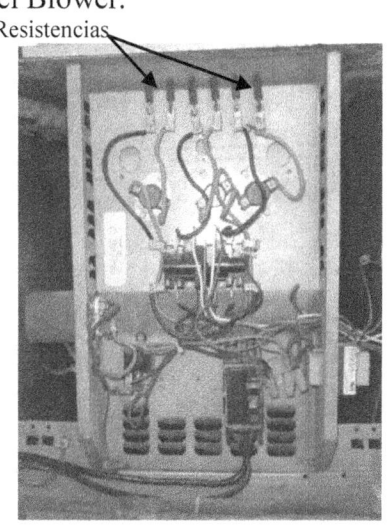

Como puede verse en la figura anterior, al extraer el Blower, es necesario desconectar los cables que vienen del termostato y la alimentación del alto voltaje del breakers al que llegan L1 y L2. Si la Manejadora de aire no tiene un breaker, entonces es necesario desconectar el suministro eléctrico desde el panel eléctrico principal para evitar sufrir un "*corrientozo*"

Para que se pueda tener una idea de la forma en que el Fan Relay y el Secuenciador Térmico son conectados al alto voltaje, en el siguiente diagrama están representadas estas conexiones. En las páginas 76, 77 y 79 se pueden ver otras conexiones

CONEXIONES ELECTRICAS DE LA MANAJADORA DE AIRE

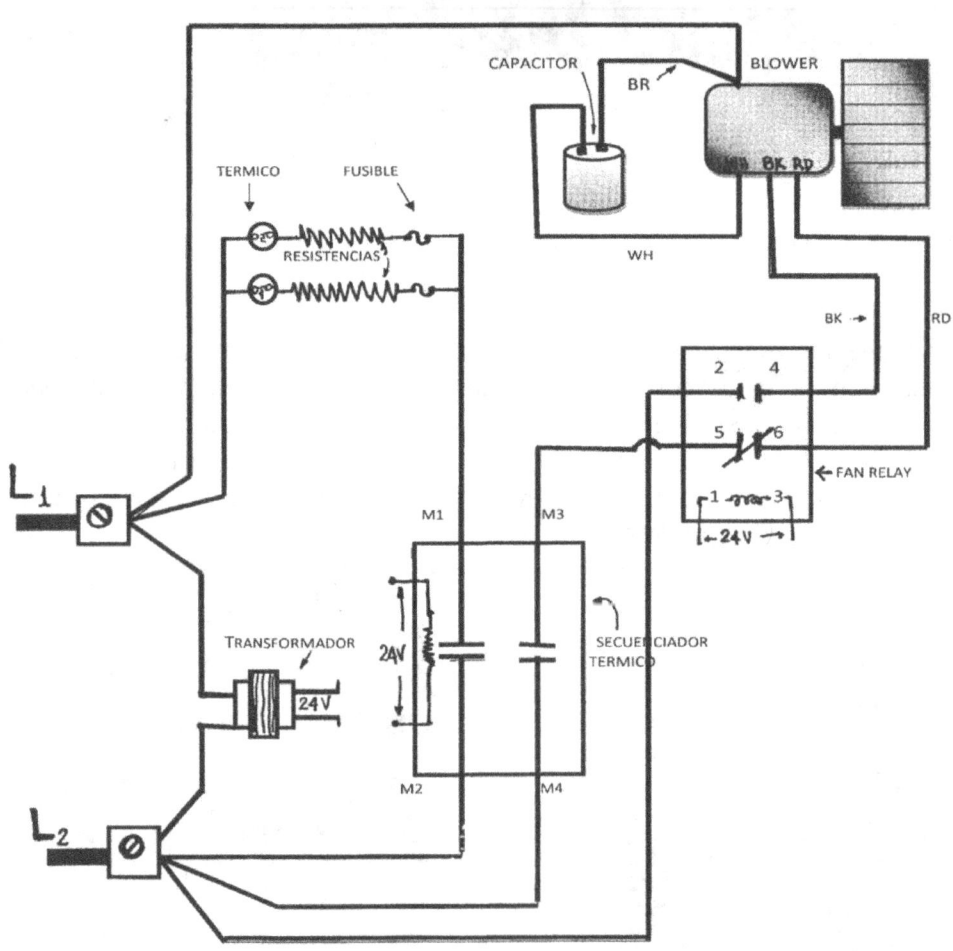

TARJETA ELECTONICA.

En la actualidad muchos de los equipos de aire acondicionado que se fabrican, están provistos de un circuito integrado en el cual están instalados sus controles. En este circuito integrado, están instalados el Fan Relay, Secuenciador Térmico y el Limit Switch (térmico). A este circuito integrado (Electric Board), se le suministra alto voltaje de Corriente Alterna y la misma es reducida y convertida en Corriente Directa de bajo voltaje. Esta tarjeta o circuito integrado está protegido por un fusible de cuchilla (usado en automóviles) de **5 amperes**.

Esta tarjeta o circuito integrado, tiene como objetivo, instalar todos los controles del sistema en una placa electrónica, eliminando la necesidad de varias conexiones eléctricas. En este tipo de equipo, la conexión del termostato tiene que ser realizadas aunque no sean hechas directamente en los controles.

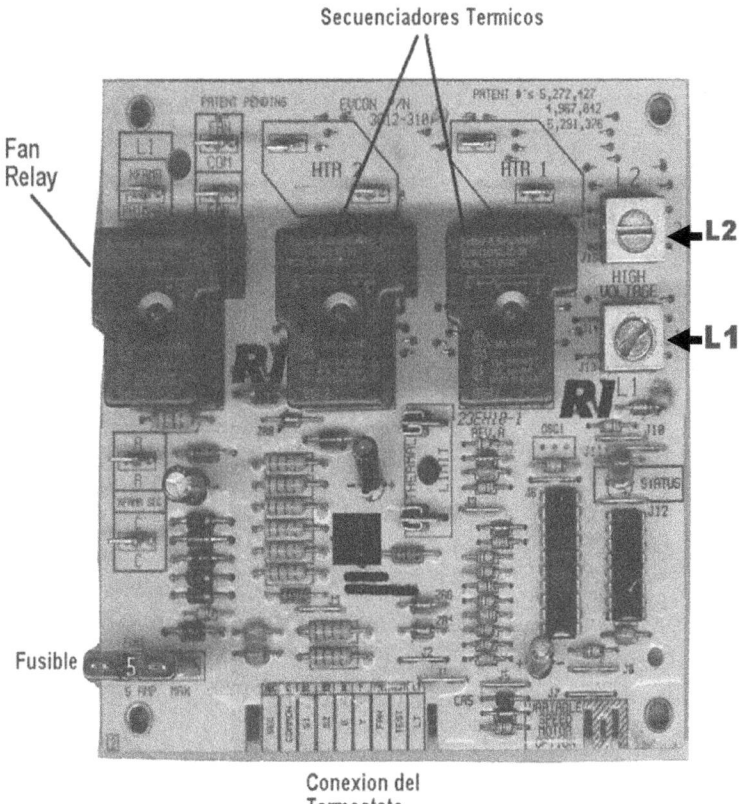

63

Conexión del fusible

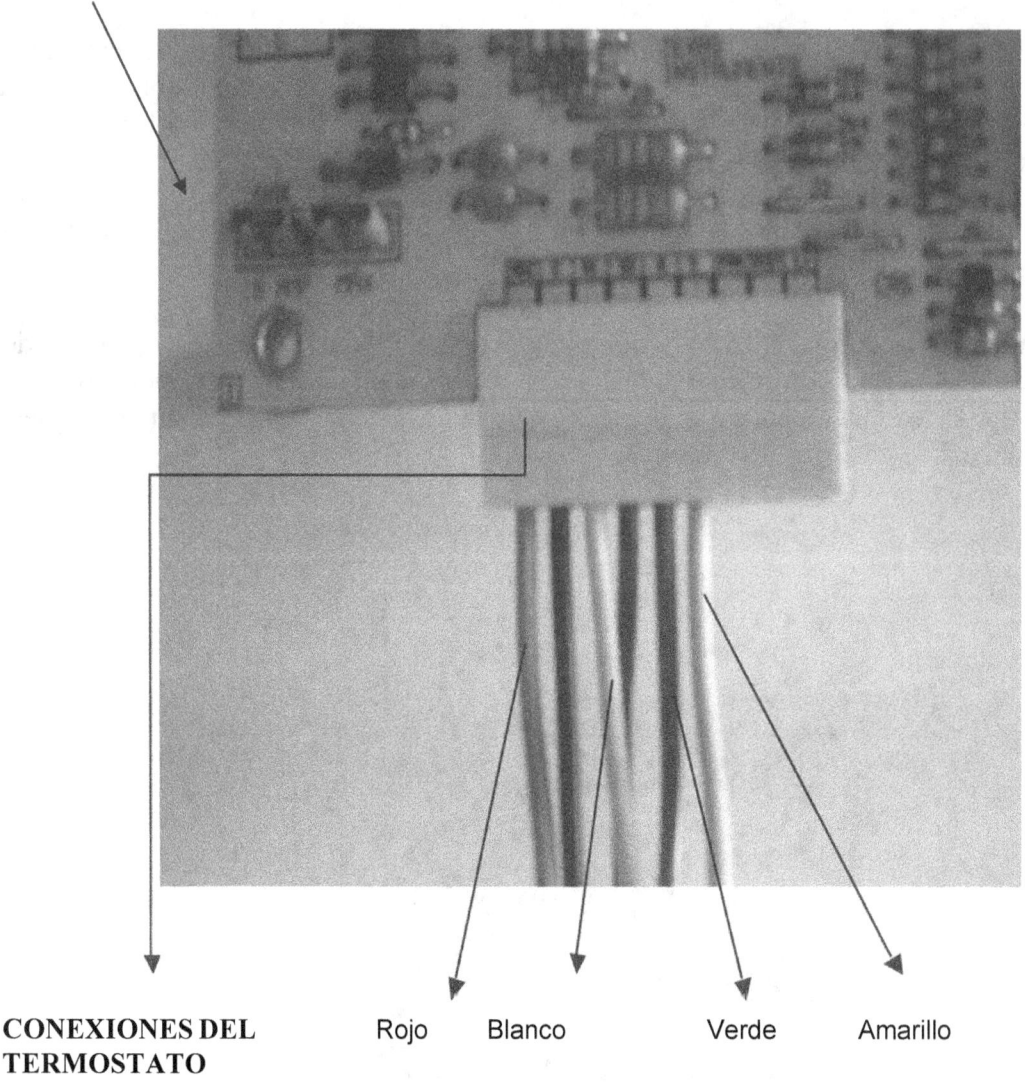

CONEXIONES DEL   Rojo   Blanco   Verde   Amarillo
TERMOSTATO

Como es sabido, el cable Rojo va conectado a la **(R)** del termostato. El Blanco **(W)** va conectado a la **(W)** del termostato. El cable Verde va conectado a la **(G)** del termostato y el cable Amarillo a la **(Y)** del termostato. A través de estos cables se le suministra el Bajo Voltaje al Secuenciador Térmico, al Fan Relay y al Contactor Magnético.

En la figura de la siguiente página, se pueden ver las conexiones del transformador (primario y secundario) las conexiones del ventilador (Blower) y las conexiones de las resistencias de la calefacción.

También pueden ser vistos el Fan Relay y los Secuenciadores Térmicos (dos) ya que este equipo utiliza dos resistencias eléctricas (Heaters) para producir el calor necesario para la calefacci6n

Además, en la figura de la pagina 60 se puede ver con claridad donde van conectados los cables de la alimentaci6n eléctrica del alto voltaje (Ll y L2)

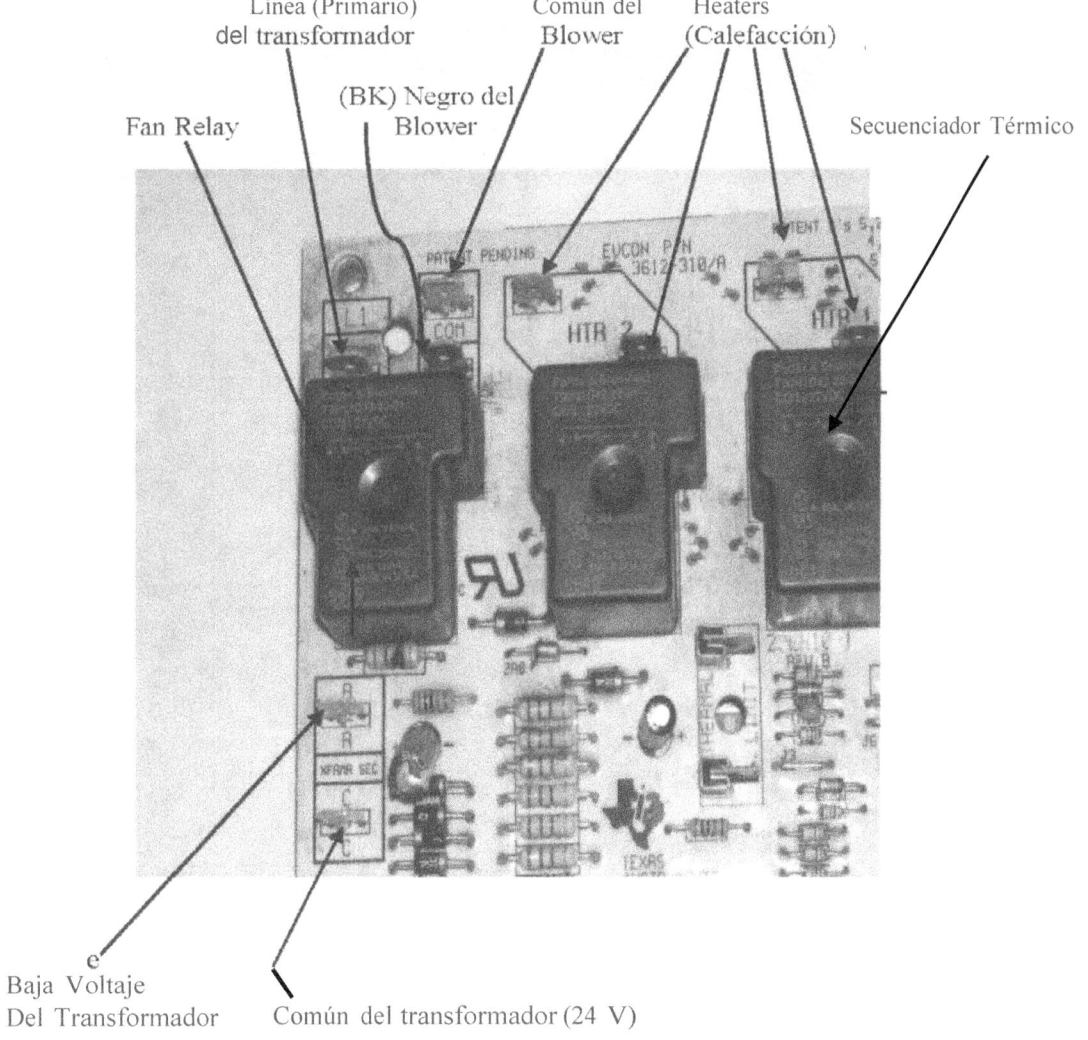

Línea (Primario) del transformador — Común del Blower — Heaters (Calefacción) — Fan Relay — (BK) Negro del Blower — Secuenciador Térmico — Baja Voltaje Del Transformador — Común del transformador (24 V)

No todos los sistemas utilizan el mismo tipo de circuito electr6nico. pero en cada uno de ellos vienen identificadas las conexiones eléctricas del alto y bajo voltaje con mucha claridad. Como cada fabricante de equipos de aire acondicionado utiliza una tarjeta electrónica diferente, es por esta razón que es muy difícil tratar de llegar a aprender, en cualquier curso, la instalación de **todos los circuitos eléctricos** que utilizan circuitos integrados.

Lo que sí es posible y necesario aprender es, saber como leer estos circuitos cuando lo tenemos en frente de nosotros. La tarjeta electrónica no es más que la unión de todos los controles del bajo voltaje en un circuito electrónico el cual opera con Corriente Directa. Si se fija con detenimiento, en estas tarjetas están señalados los lugares donde deben ser conectados el suministro eléctrico de Alto Voltaje (220/230) y Bajo Voltaje (24V). Ver figuras en las páginas 60, 61. 62 y 64

Manejadora de aire (Air Handler)

En este circuito electrico, los controles (fan relay y secuenciador termico) estan en el board electronico. En este caso hay dos secuenciadores y un fan relay

Tarjeta electrónica de un aire acondicionado.

A continuación puede verse una tarjeta electrónica usada en la manejadora de aire de un aire acondicionado.

TARJETA ELECTRONICA

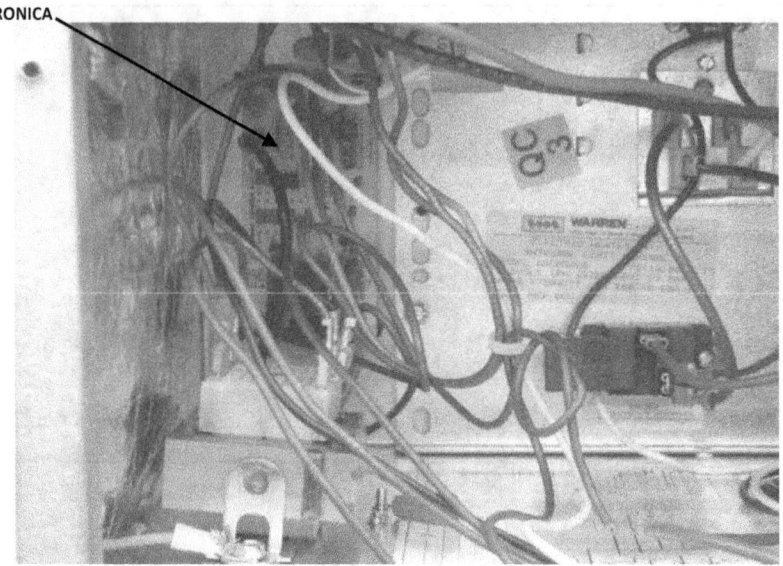

Como puede verse en el esquema de conexiones de la siguiente pagina, las conexiones a esta tarjeta, son totalmente diferentes a la vista anteriormente. Sin embargo, si se observa detenidamente, en la misma están señalados los lugares donde deben ser hechas las conexiones eléctricas del motor del Blower, así como las del transformador.

FAN RELAY

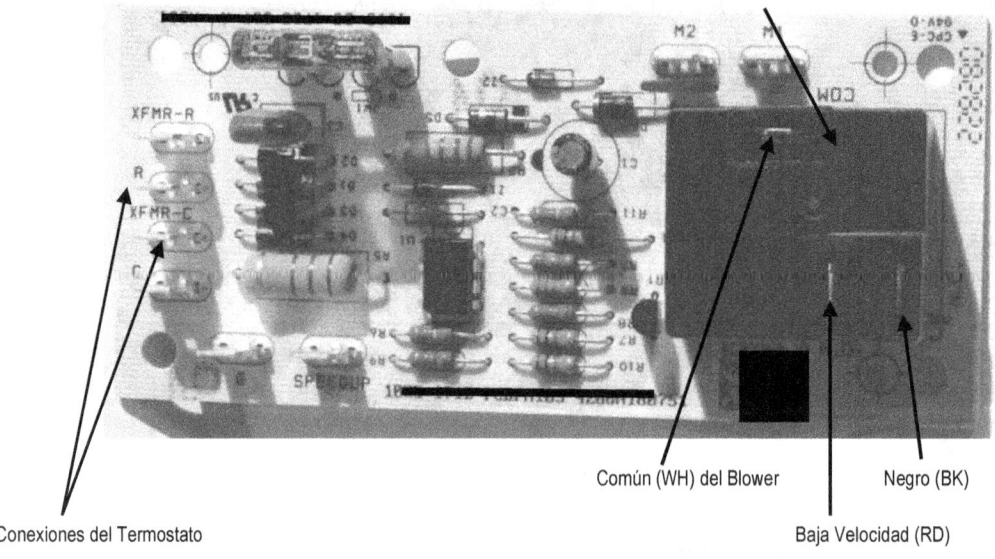

Conexiones del Termostato

Común (WH) del Blower   Negro (BK)

Baja Velocidad (RD)

Contactor Magnético

CONTACTOR
MAGNETICO

NOTAS.

Contactor Magnético.

El Contactor Magnético es el dispositivo eléctrico encargado de poner en funcionamiento el compresor y el ventilador del condensador. Este control va instalado en la unidad de condensación y el mismo está formado por una bobina y dos contactos normalmente abiertos, a través de los cuales circula alto voltaje hacia el compresor y hacia el ventilador del condensador estos se cierran.

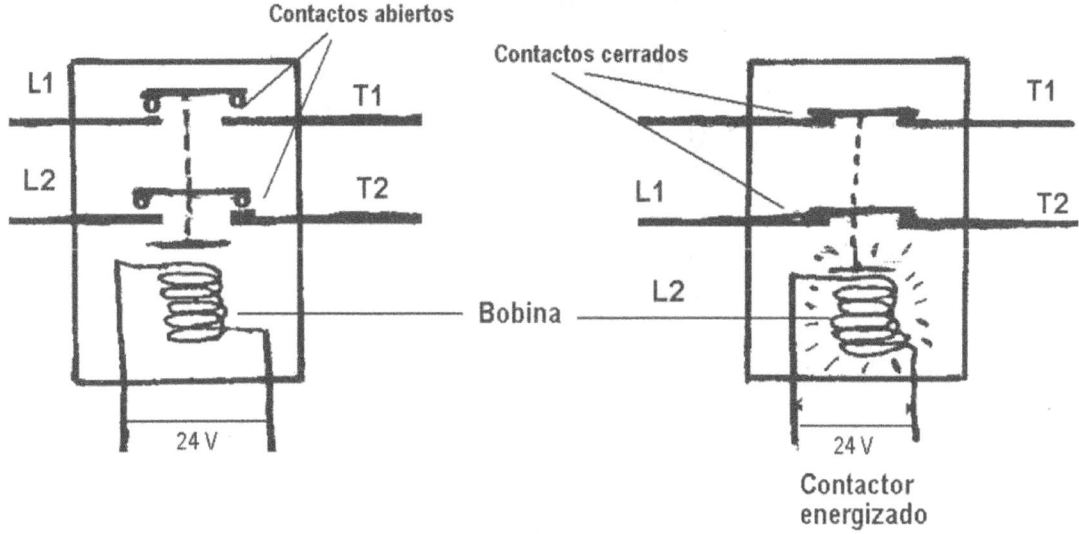

CONTACTOR
MAGNETICO

Existen diferentes tipos de contactores magnéticos. El que aquí se muestra tiene dos contactos normalmente abiertos, los cuales se cierran cuando por la bobina circula 24 volts, o sea se energiza.

Existen contactores que tienen un contacto abierto y una conexión directa de **L1** a **T2** sin usar contacto. Esto quiere decir que a través de esta línea siempre está circulando corriente eléctrica.

Dos contactos

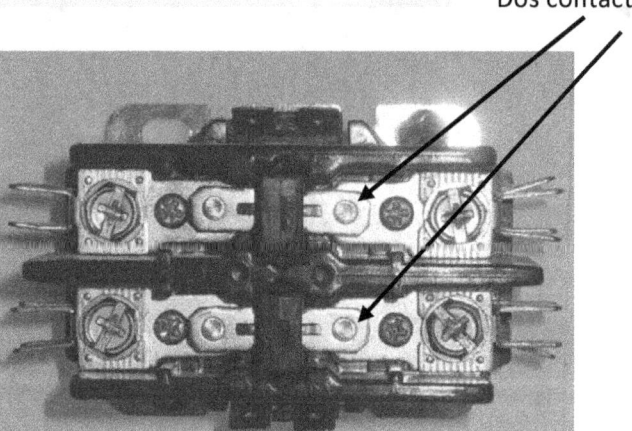

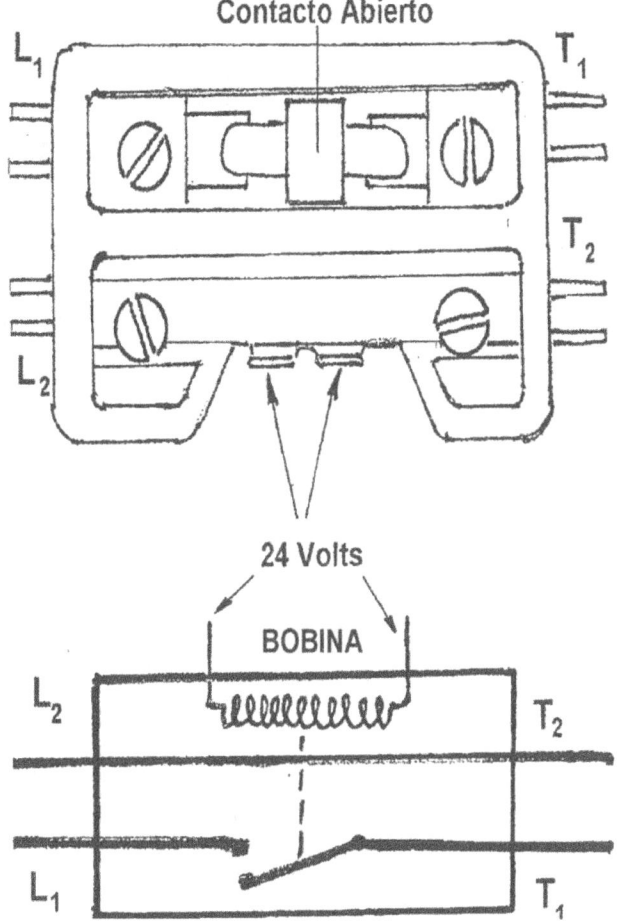

La línea **L2-T2,** como puede verse, es continua y la misma está energizada ya que no existe contacto. Cuando la bobina se energiza, el contacto se cierra a pasa alto voltaje (208/230/240 Volts) hacia el compresor y ventilador del condensador. Ver las figuras de las páginas 15 y 23 donde se muestran las conexiones del Contactor Magnético a las líneas de alimentación y al compresor y ventilador.

Existe otro tipo de contactor usado en algunos equipos de aire acondicionado, el cual tiene un solo contacto, o sea que solo una línea de alimentación eléctrica pasa por el mismo. Este contactor es usado en estos equipos en sustitución del Secuenciador Térmico.

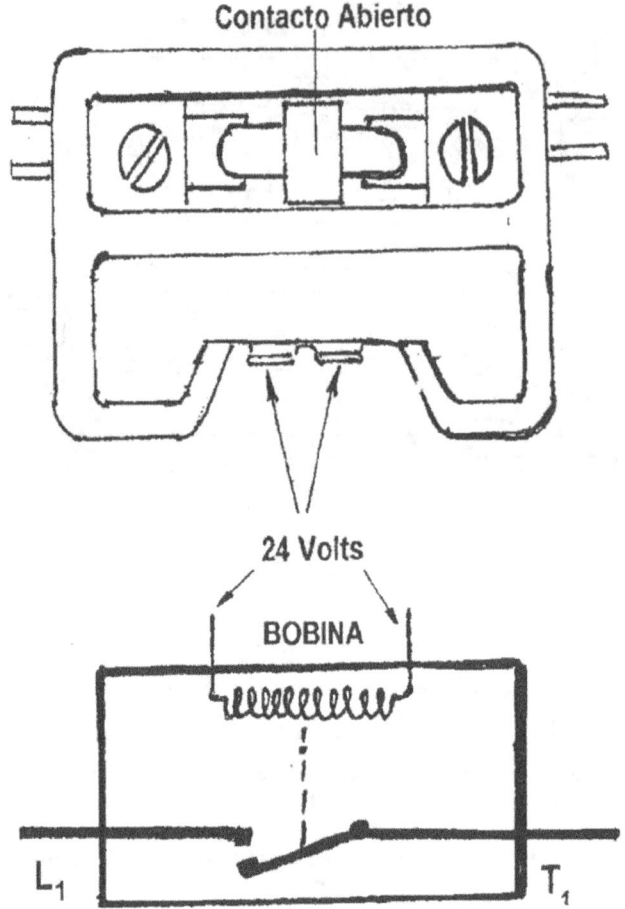

Contacto Abierto

24 Volts

BOBINA

L_1

T_1

Cuando la bobina se energiza el contacto se cierra.

Conexiones Eléctricas Más Comunes, Usadas En Aire Acondicionado

NOTAS.

COMPONENTES DE LA MANEJADORA DE AIRE

Las conexiones eléctricas que aparecen en la siguiente página son los de una Manejadora de Aire de tres toneladas y media (3.5 ton) y de 10 de eficiencia.

Los componentes enumerados son los siguientes:

1. Resistencias de la calefacción (Heaters)
2. Limit Switch
3. Limit Switch
4. Limit Switch
5. Secuenciadores Térmicos (2)
6. Fan Relay
7. Motor del Blower
8. Capacitor del motor
9. Breakers (Fusibles)
10. Transformador
11. Conexiones del Termostato

El cable Negro, **Black (BK),** de la alta velocidad viene conectado de la fábrica para que el motor trabaje a alta velocidad solamente. El cable **Rojo *(RD)*** de la Baja velocidad del motor no viene conectado de la fábrica, lo cual significa que lo mismo en **Cool** (Enfriamiento) que en **Heat** (Calefacción) el motor trabajará a una sola velocidad, *alta*

En algunas ocasiones el Fan Relay no trae el contacto **#6**, para la baja velocidad, lo cual no permite que el motor trabaje a más de una velocidad.

NOTA.

Los terminales identificados con las letras G y W vienen del termostato. El cable R que sale del transformador, va al termostato. Al otro cable que sale del transformador, el cual es el común, tiene que conectar los cables que salen del Fan Relay, el Secuenciador Térmico y el Contactor Magnético. (Ver las conexiones del bajo voltaje en la página 38)

ESQUEMAS ELECTRICOS DE LAS MANEJADORAS DE AIRE

Resistencias de la calefaccion

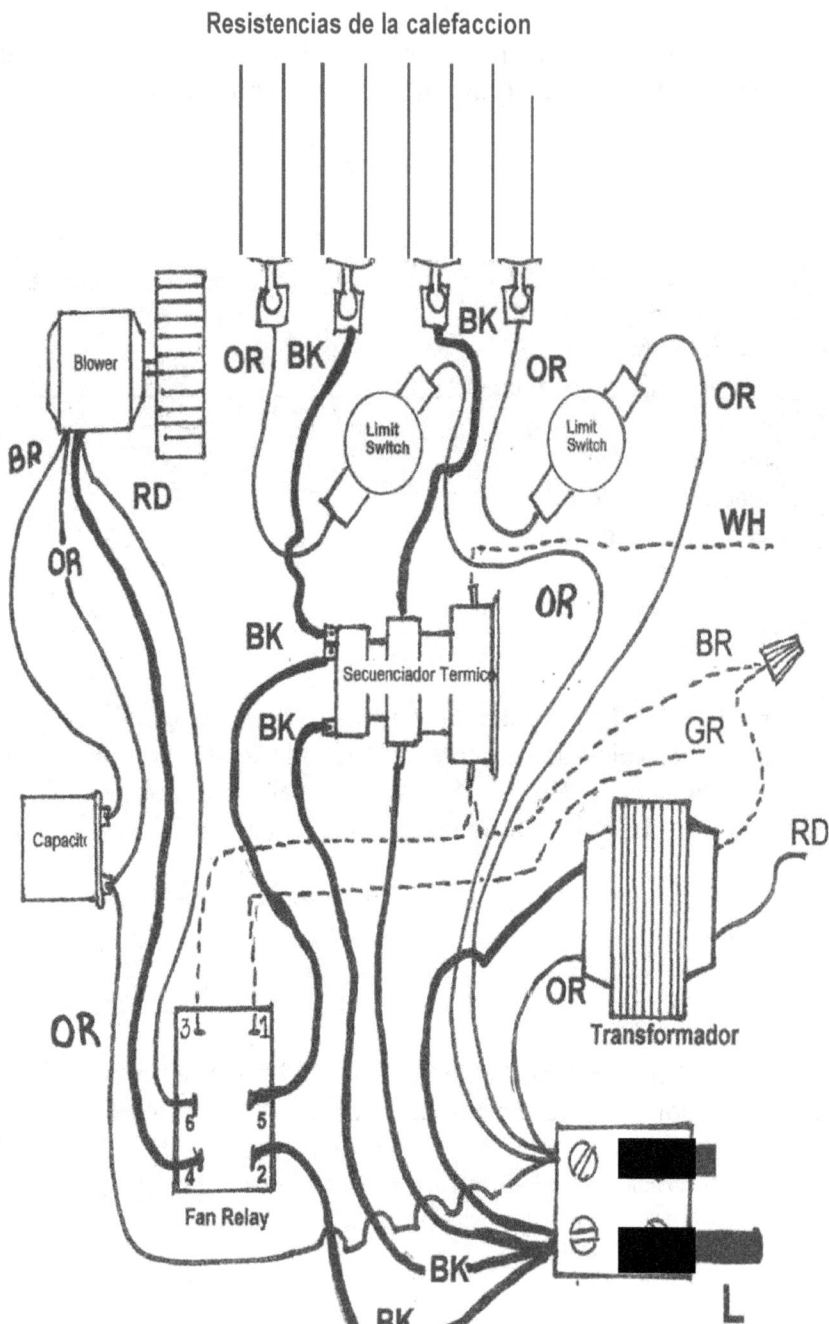

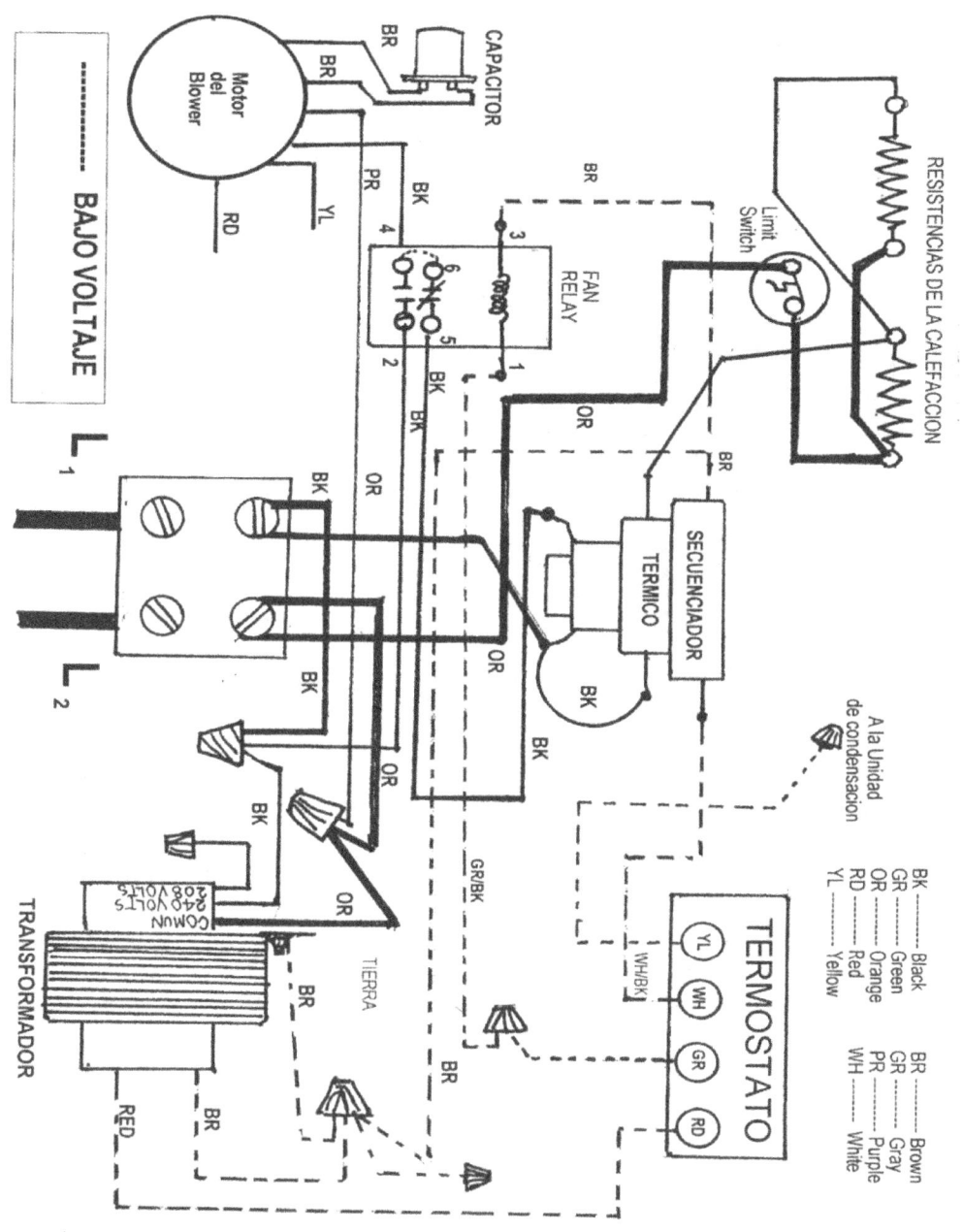

En el siguiente esquema se puede ver el uso de un PTC (Hard Start Device)

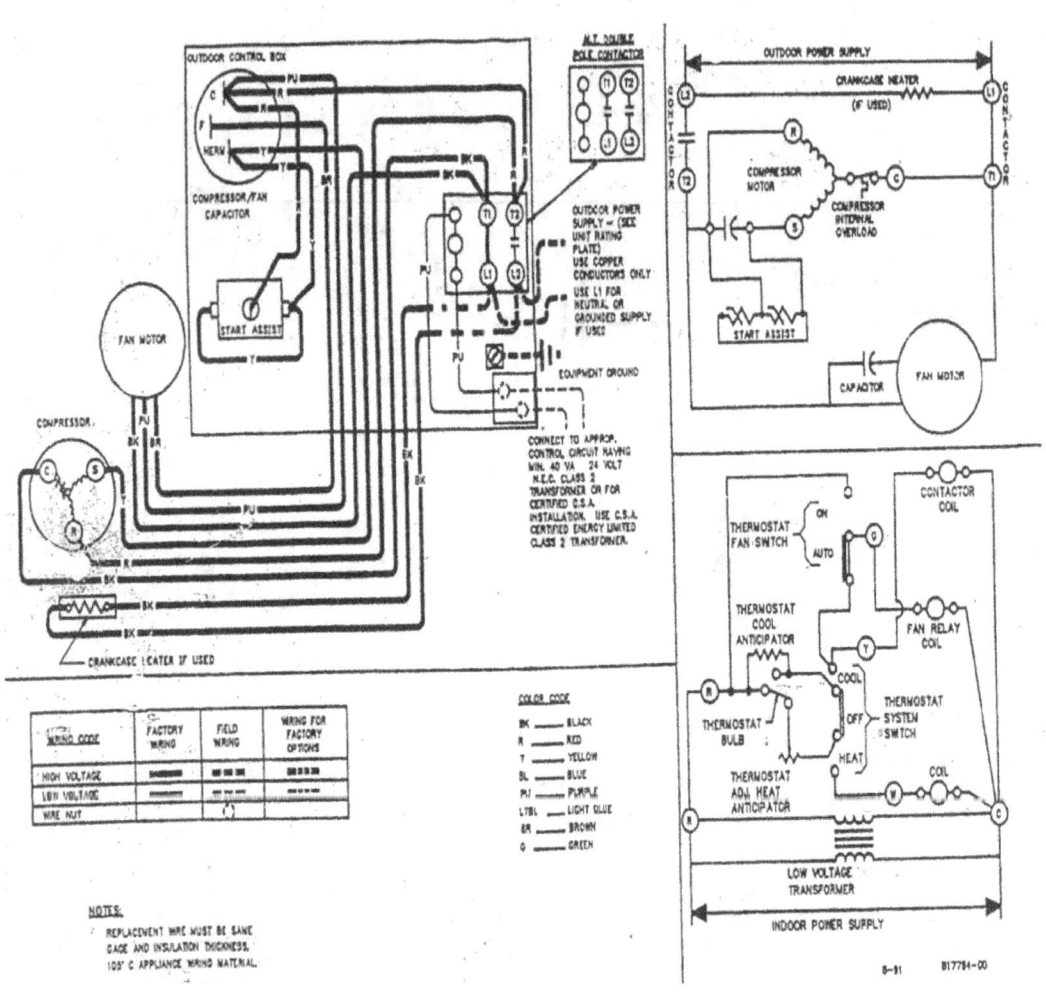

Esquema eléctrico de una manejadora de aire

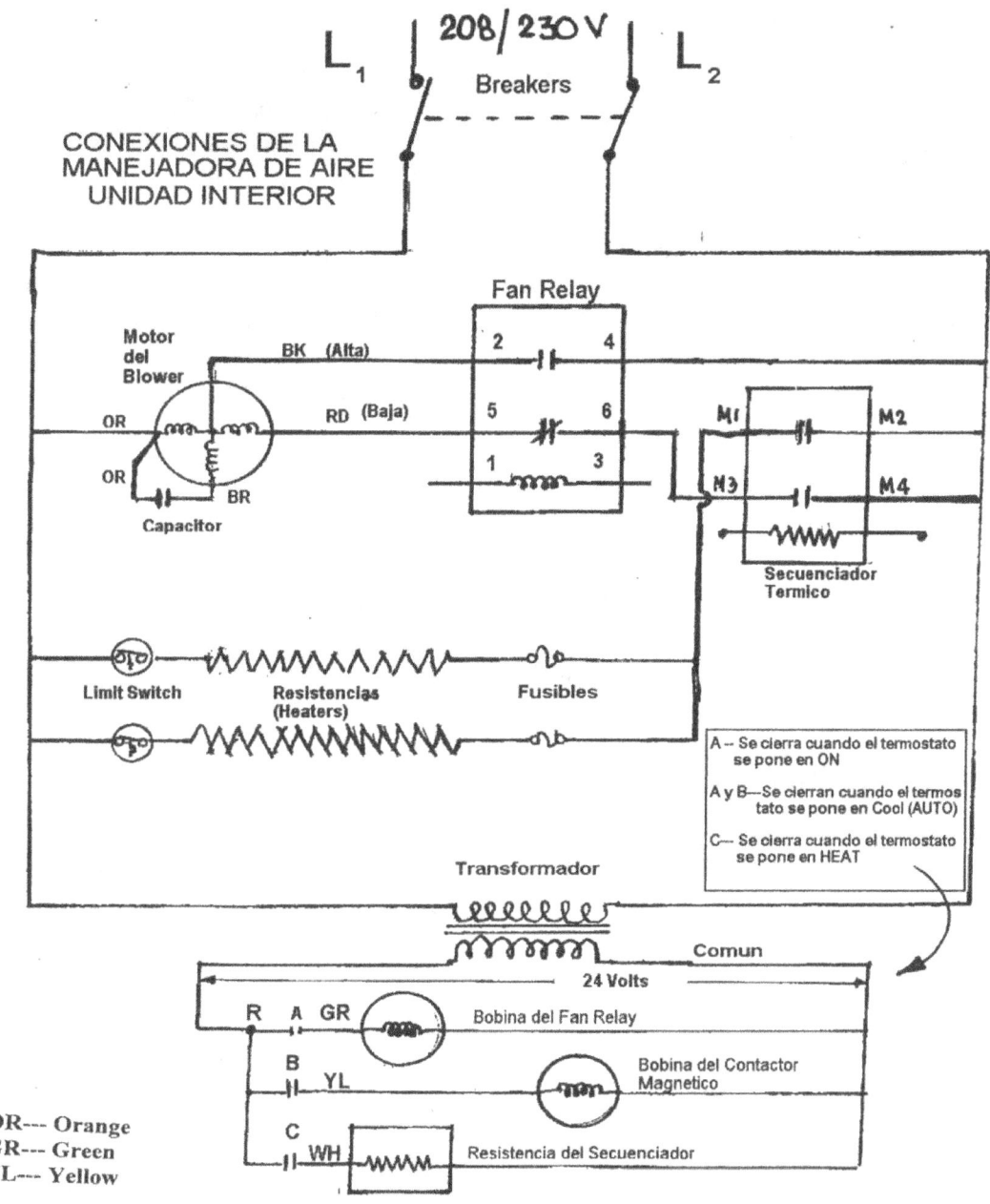

208/230 V

Breakers

L₁   L₂

CONEXIONES DE LA
MANEJADORA DE AIRE
UNIDAD INTERIOR

Fan Relay

Motor del Blower

BK (Alta)

OR

RD (Baja)

OR

BR

Capacitor

2   4

5   6

1   3

M1   M2

M3   M4

Secuenciador Termico

Limit Switch   Resistencias (Heaters)   Fusibles

A -- Se cierra cuando el termostato
se pone en ON

A y B—Se cierran cuando el termos
tato se pone en Cool (AUTO)

C— Se cierra cuando el termostato
se pone en HEAT

Transformador

Comun

24 Volts

R   A   GR   Bobina del Fan Relay

B   YL   Bobina del Contactor Magnetico

C   WH   Resistencia del Secuenciador

OR--- Orange
GR--- Green
YL--- Yellow

81

TIME DELAY BLOWER RELAY.

En este diagrama las resistencias de la calefacción usadas, son las mostradas en la pagina 45. Existen algunos sistemas de aire acondicionado en los cuales la unidad exterior (condensador) arranca primero y después la unidad interior se pone en funcionamiento. También, en estas unidades, cuando se alcanza la temperatura requerida en el interior de la vivienda y el termostato abre sus contactos, la unidad de condensación se detiene y pero el Blower continua funcionando aproximadamente uno o dos minutos y después se apaga. A diferencia de otros sistemas de aire acondicionado, estos equipos utilizan un Relay para el Blower con tiempo de retraso **(Time Delay Blower Relay)** en lugar de un Fan Relay. Este tipo de Relay se asemeja mucho a un Secuenciador Térmico en su construcción y funcionamiento. En los diagramas este dispositivo aparece como **Time Delay Blower Relay**.

Cuando es usado este dispositivo, la unidad exterior, compresor y ventilador, comienzan a funcionar primero y después el Blower en la Manejadora de Aire. Esto es debido a que los contactos del **TDBR** no cierran por magnetismo, sino por calor. Esto quiere decir que deben transcurrir varios segundos y a veces minutos para que el bimetálico que se encuentra en su interior se caliente, dilate y empuje a los componentes que cierran los contactos.

En el diagrama eléctrico de la siguiente página, se puede observar como es instalado el **TDBR** en el circuito de la Manejadora de Aire.

2-1 Contactos Normalmente Cerrados

3-1 Contactos Normalmente Abiertos

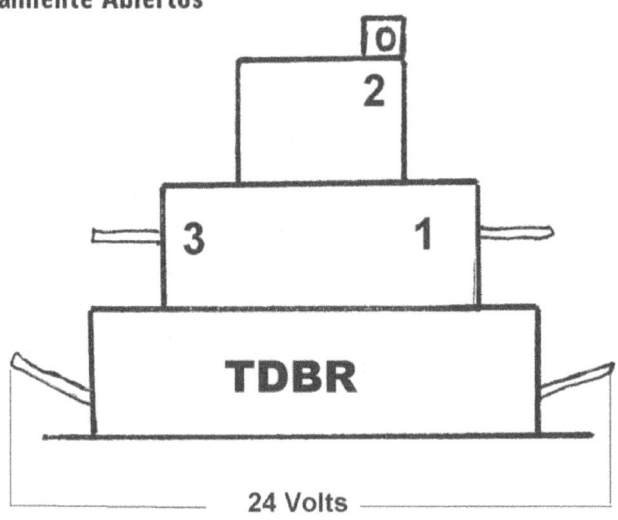

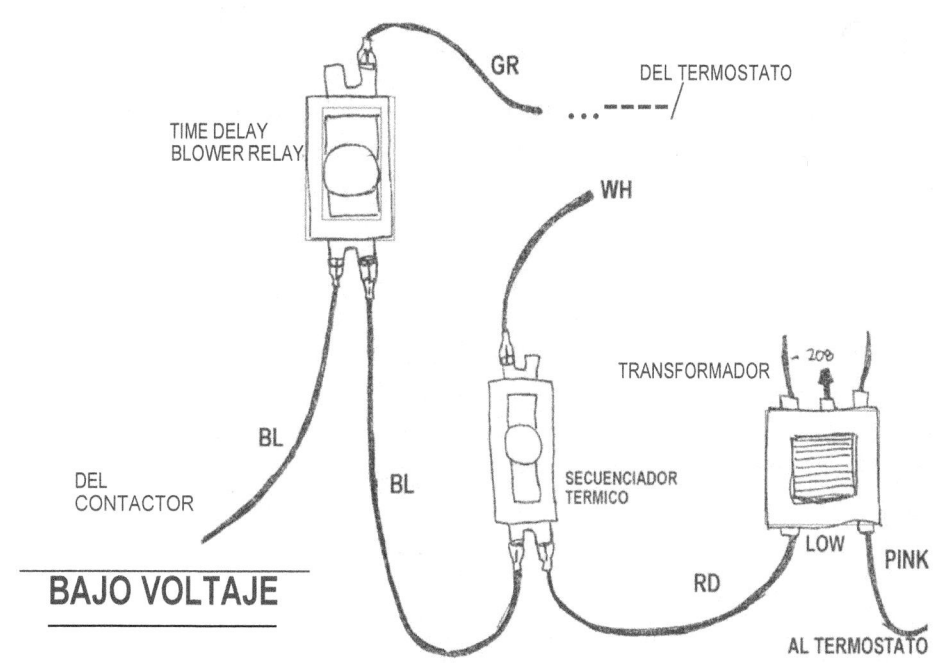

TIME DELAY
BLOWER RELAY

GR

DEL TERMOSTATO

WH

TRANSFORMADOR

208

BL

DEL
CONTACTOR

BL

SECUENCIADOR
TERMICO

LOW

PINK

RD

BAJO VOLTAJE

AL TERMOSTATO

L1   L2

ALTOVOLTAJE

HEATER

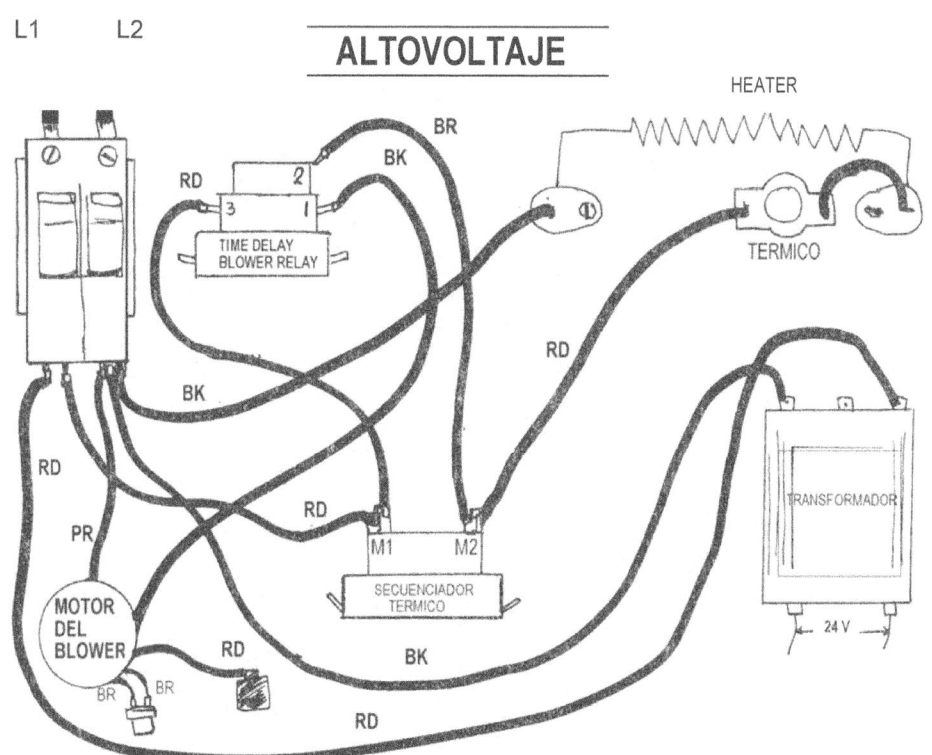

BR

BK

RD

2

3   1

TIME DELAY
BLOWER RELAY

TERMICO

BK

RD

RD

RD

PR

RD

M1   M2

TRANSFORMADOR

MOTOR
DEL
BLOWER

SECUENCIADOR
TERMICO

BR   BR

RD

BK

24 V

RD

83

En algunas instalaciones de la Manejadora de Aire, resulta difícil que la condensación de la humedad en el evaporador, sea drenada por gravedad. Esto puede ser debido a que no es posible instalar las líneas de PVC para sacar esta agua hacia el exterior. En estos casos, es usada una bomba de condensado.

Bomba de condensado

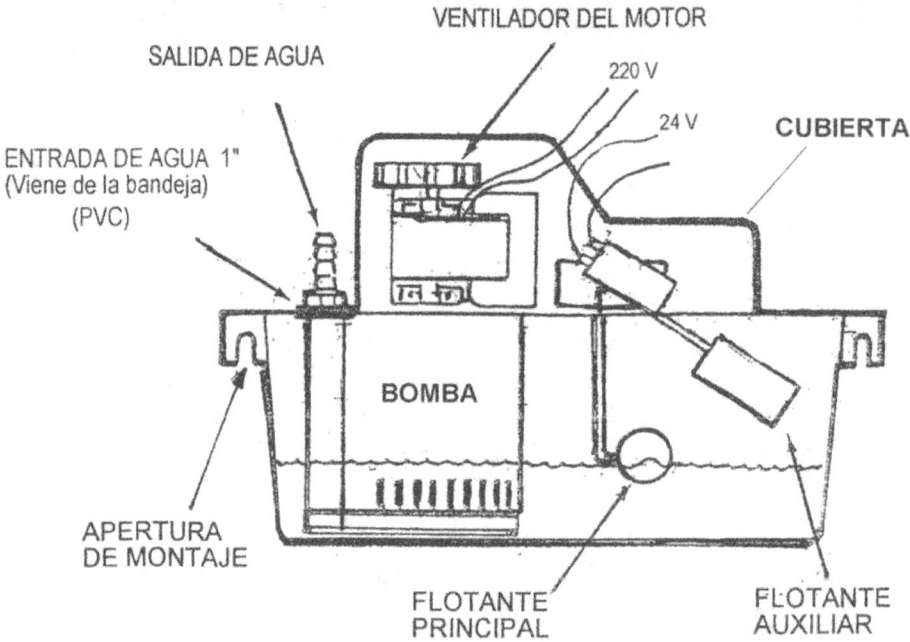

La Bomba de Condensado utiliza un motor que puede ser alimentado con 110 ó 220 Volts el cual es el encargado de mover a la bomba cuando el nivel de agua en la misma aumenta. Cuando el nivel de agua aumenta, el flotante principal cerrará el interruptor que permite que el motor se energice.

Además, en la Bomba de Condensado también existe un circuito de protección (Bajo voltaje) el cual detiene el funcionamiento del sistema cuando la bomba no bombea a pesar de estar llena y el flotante sube y cierra los contactos. Si la bomba no se pone enfuncionamiento y el nivel de agua continua aumentando, el flotante auxiliar abrirá el interruptor para que se detenga el paso del bajo voltaje al termostato. El circuito de protección de la Bomba de condensado opera con bajo voltaje (24 V) y el mismo va conectado en serie con el termostato y el transformador.

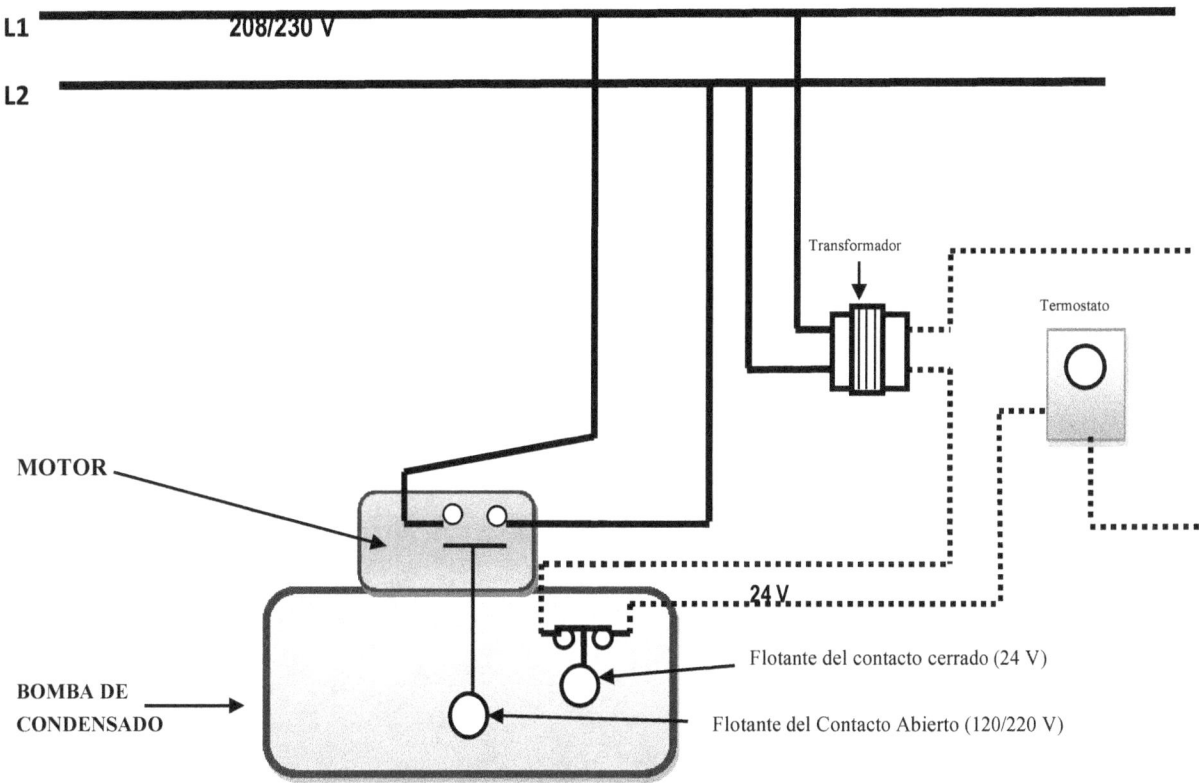

Cuando el nivel de agua sube, se cierran los contactos abiertos del motor y la bomba comienza a expulsar el agua de drenaje. Si el nivel de agua continua subiendo pero la bomba no expulsa el agua, entonces el flotante del contacto cerrado, se abre y se corta el paso de la corriente al termostato. Cuando esto ocurre, todo el sistema se detiene.

NOTAS.

Conexiones Eléctricas De Las Unidades De Condensación

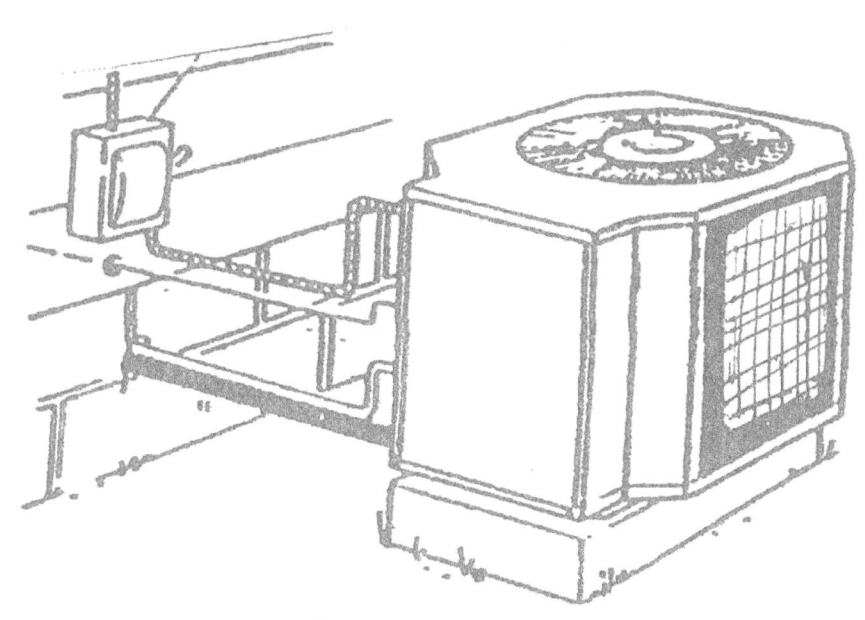

NOTAS.

CONDENSADOR.

Como es conocido, en todas las unidades de condensación siempre vamos a encontrar instalados los siguientes componentes eléctricos.

- Compresor
- Ventilador del condensador
- Contactor Magnético
- Capacitor del Compresor y del ventilador.

En la figura del condensador que se muestra en esta página, el compresor utiliza un capacitor para el arranque y otro para la marcha.

En la siguiente página se muestra la conexión eléctrica de este condensador.

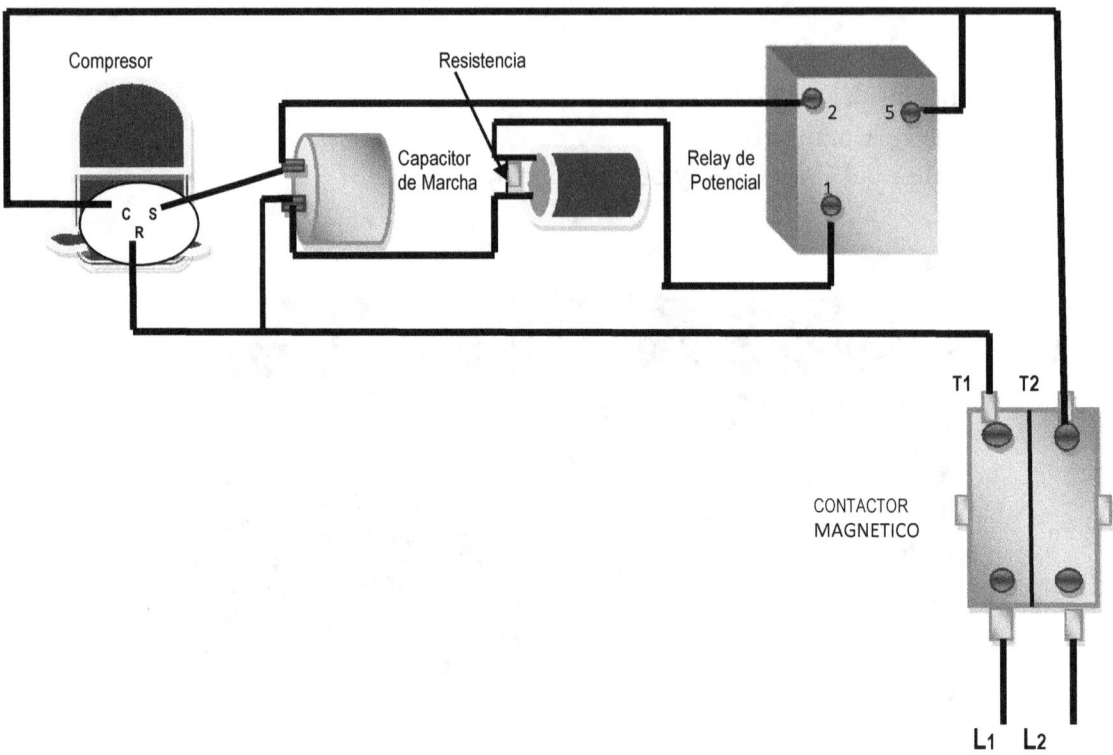

Conexión de una unidad de condensacion que utiliza un capacitor de Marcha para el compresor y otro para el ventilador

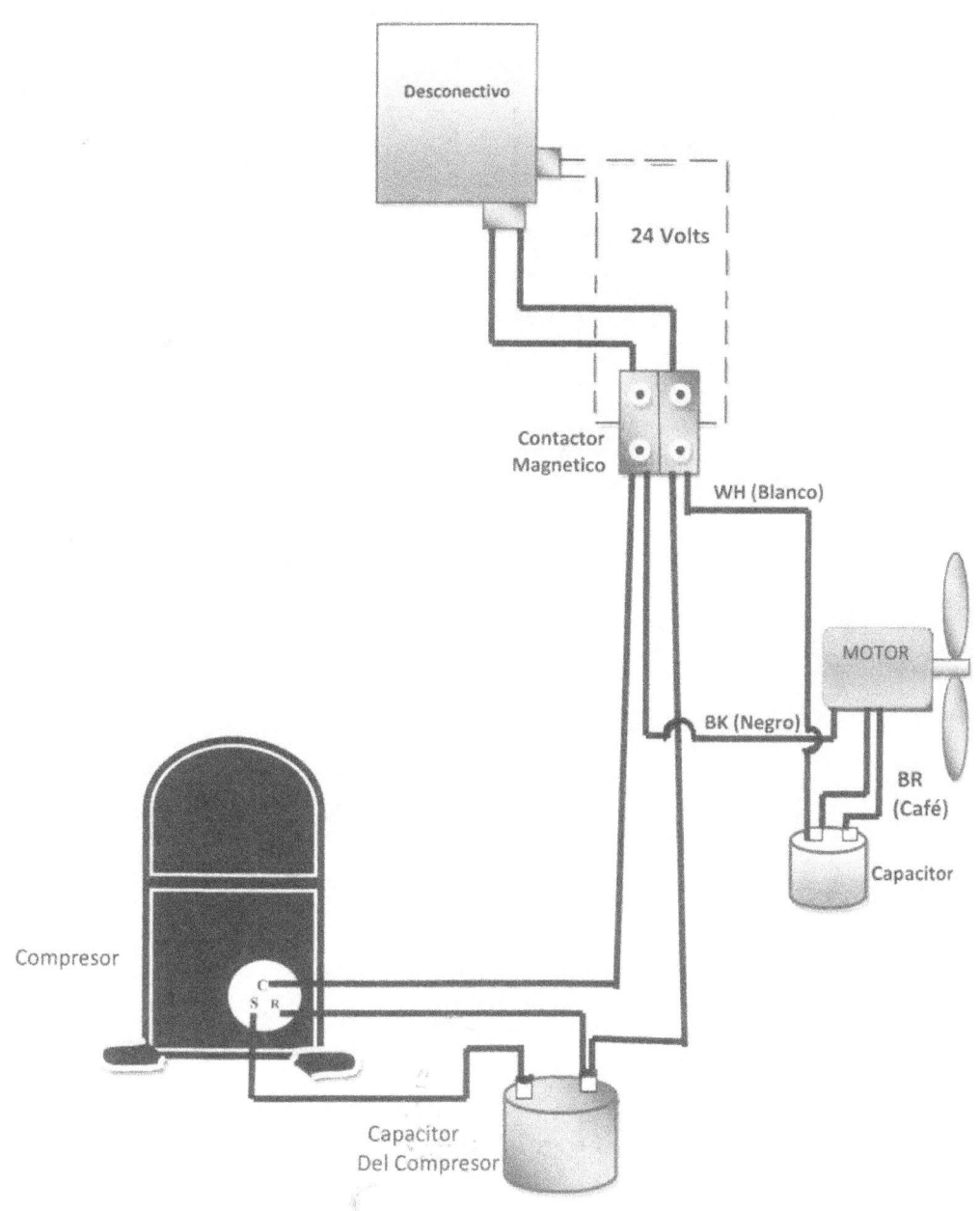

Este condensador con Capacitor de Arranque y Capacitor de Marcha es usado cuando el aparato de medición instalado en el evaporador es una Válvula de Expansión Termostática.

Cuando el sistema de aire acondicionado **no** opera con una Válvula de Expansión, entonces no es usado el capacitor de Arranque. En este caso, el compresor solamente utiliza un Capacitor de Marcha. En la siguiente página puede observarse como van conectados el compresor y ventilador del condensador.

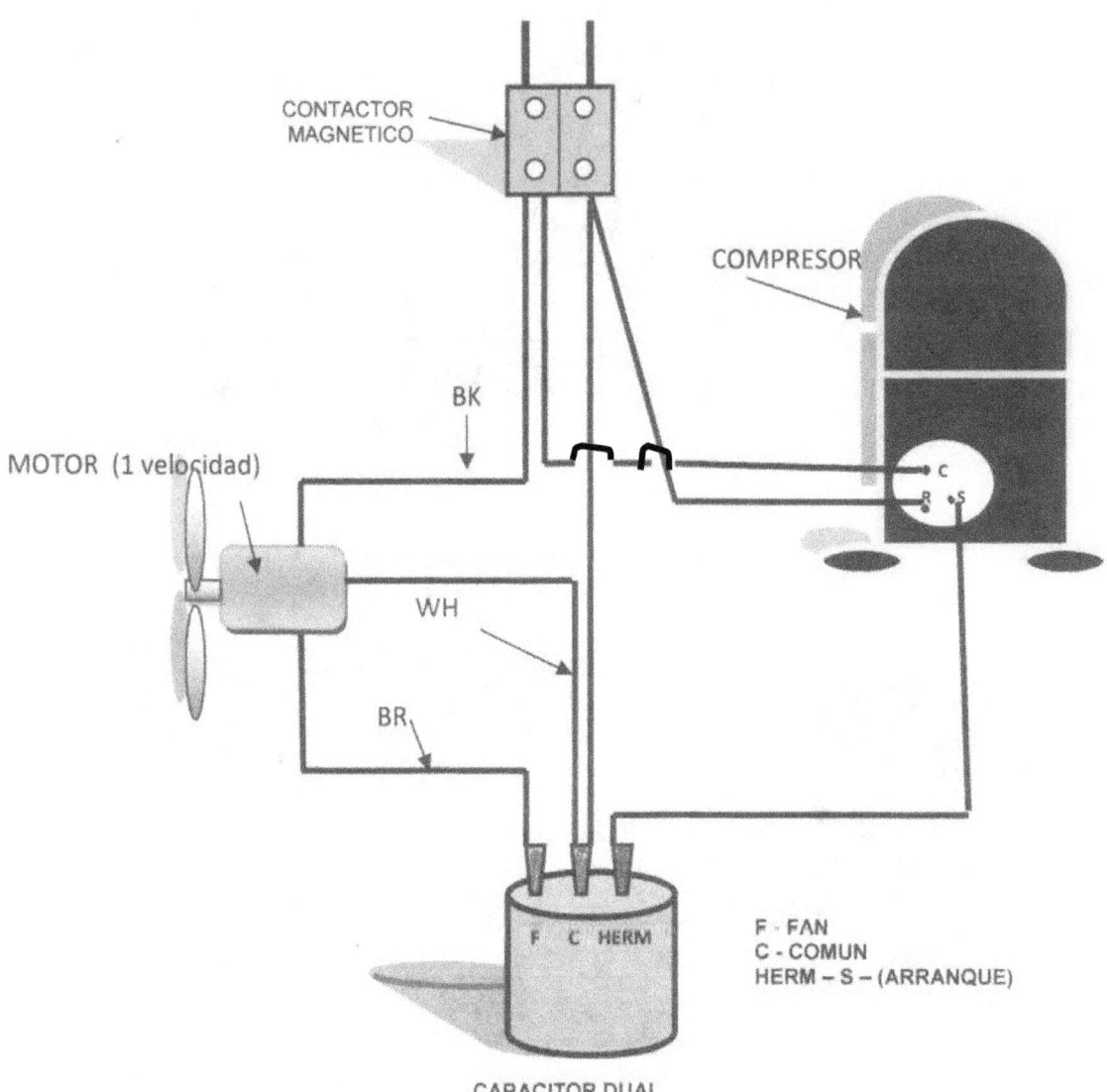

CONTACTOR MAGNETICO

COMPRESOR

BK

MOTOR (1 velocidad)

WH

BR

F   C   HERM

F - FAN
C - COMUN
HERM – S – (ARRANQUE)

CAPACITOR DUAL

PROTECTORES DEL SISTEMA.

Además de los componentes mencionados, existen otros dispositivos que son instalados en la unidad de condensación durante su construcción en la fábrica. Estos dispositivos son añadidos al equipo con el objetivo de proteger al mismo.

Los dispositivos que se relacionan a continuación, son los encargados de proteger el sistema de una avería cuando existe una elevada presión en el lado de alta, o una baja presión en el lado de baja o un elevado amperaje.

- Control de Alta Presión. Va conectado al **Bajo Voltaje**
- Control de Baja Presión. Va conectado al **Bajo Voltaje**
- Time Delay. Va conectado al **Bajo Voltaje**
- Protector de sobre carga. Conectado al ***Alto Voltaje***

En todo sistema de aire acondicionado, los protectores del sistema, que operan con bajo voltaje (24 Volts), están conectados en serie con la bobina del Contactor Magnético. Cualquiera de estos dispositivos que se abra, cortará el suministro bajo voltaje a la bobina del contactor y se detendrá el funcionamiento del compresor y del ventilador del condensador...

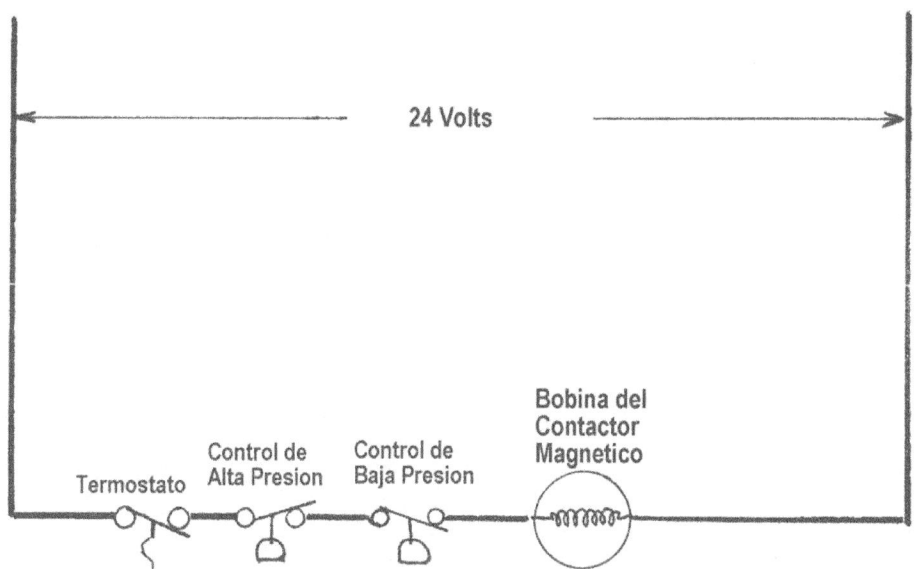

Los controles de **Alta y Baja Presión** son dispositivos eléctricos que trabajan con presión. Cuando la presión aumenta o disminuye considerablemente estos controles no permitirán que el bajo voltaje pase a la bobina del Contactor Magnético para detener el funcionamiento del compresor y el ventilador del condensador.

CONTROLES DE ALTA Y BAJA PRESIONES.

Cuando la presión en el condensador se incrementa y sobre pasa un valor determinado, el control de **Alta Presión** abre sus contactos. Cuando la presión en el lado de baja disminuye debido a un salidero o escape de refrigerante, el control de **Baja Presión** abre sus contactos y detiene el funcionamiento del compresor y ventilador del condensador. Como puede observarse en el esquema, estos controles están conectados en serie con la bobina del contactor magnético.

Como puede observarse en el diagrama anterior, el termostato está conectado en serie con ambos controles de manera tal que cuando sus contactos se abren, se detiene el funcionamiento del compresor y ventilador del sistema.

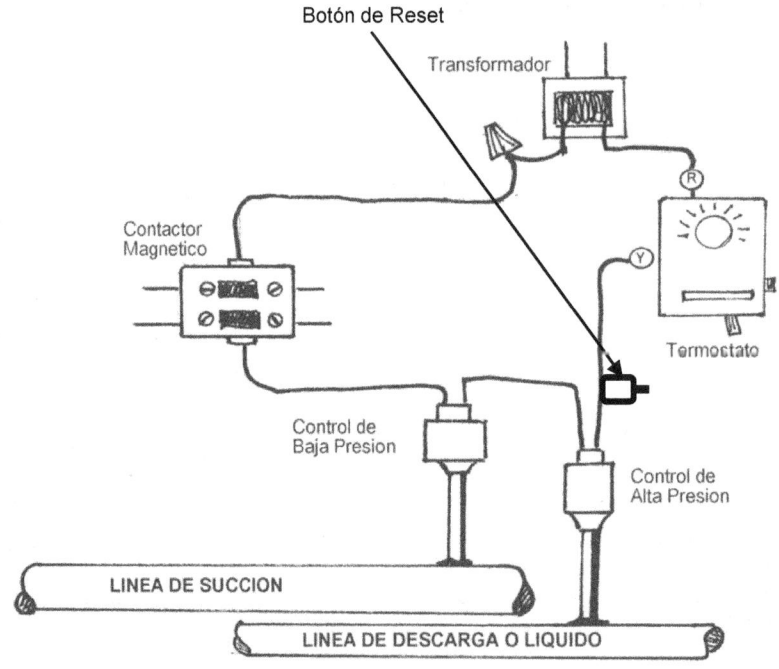

En las siguientes figuras, se muestran donde van instalados estos dos controles en un sistema de aire acondicionado.

CONTROL DE DE BAJA PRESION

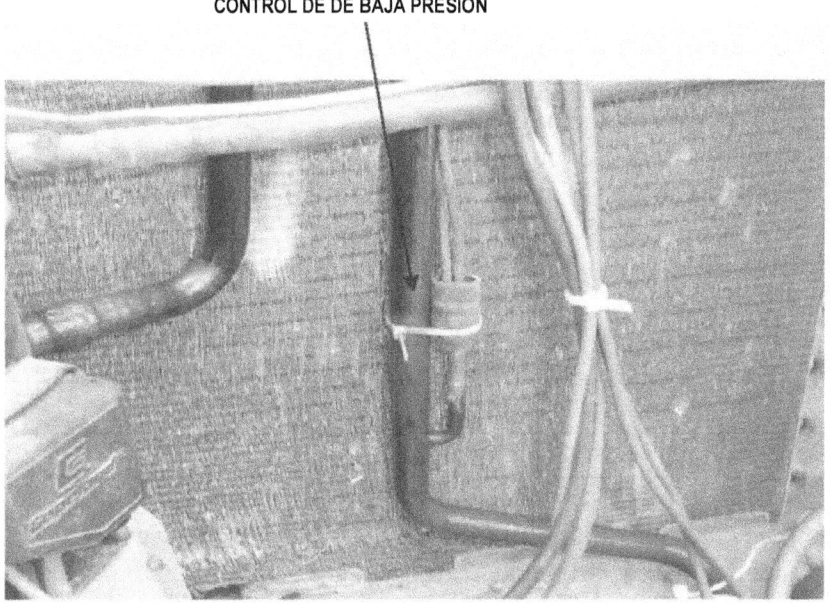

Este botón (Reset) tiene que empujarse para que el Compresor puede ponerse en funcionamiento

Control de Alta Presión

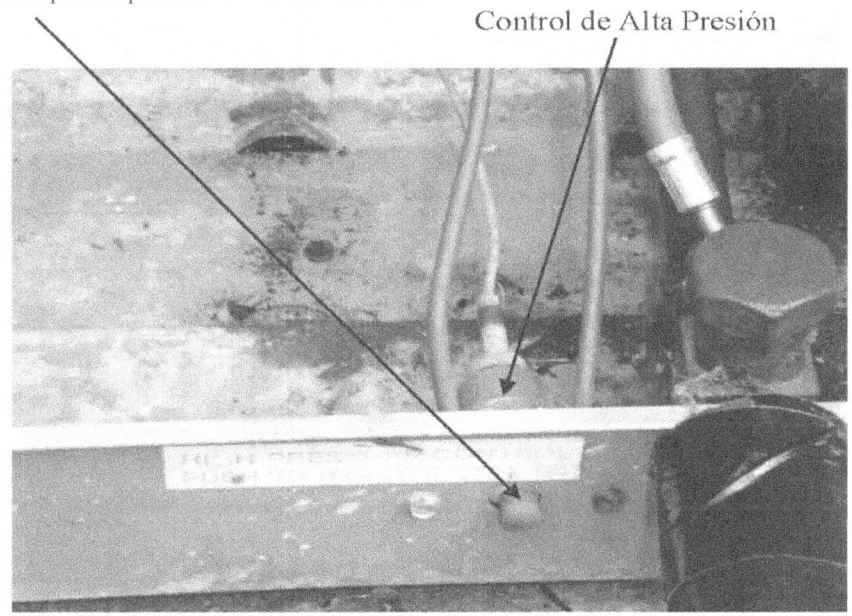

tro dispositivo eléctrico utilizado en aire acondicionado es el **Time Delay**. Este dispositivo es usado para impedir que el compresor trate de arrancar bajo condiciones de carga extremas. Si el sistema de aire acondicionado se detiene repentinamente debido a una interrupción de corriente eléctrica al contactor, el **Time Delay** atrasara el tiempo de arranque del compresor por varios minutos para evitar que trate de arrancar y se recaliente y se dispare el overload o protector de sobre carga. Esta interrupción en el suministro eléctrico puede ser debido a que alguien subió la temperatura en el Termostato y repentinamente la vuelve a bajar. Cuando ocurre un corte momentáneo del suministro

Eléctrico por la compañía de electricidad o cuando cae un rayo y se va la corriente y regresa al momento. En estos casos el **Time Delay** demorará el arranque del compresor automáticamente o por programación de tiempo.

TIME DELAY

El **Time Delay** es conectado en el circuito de bajo voltaje, en serie con el Termostato **(YL)** y la bobina del Contactor Magnético. En la siguiente página puede verse su conexión.

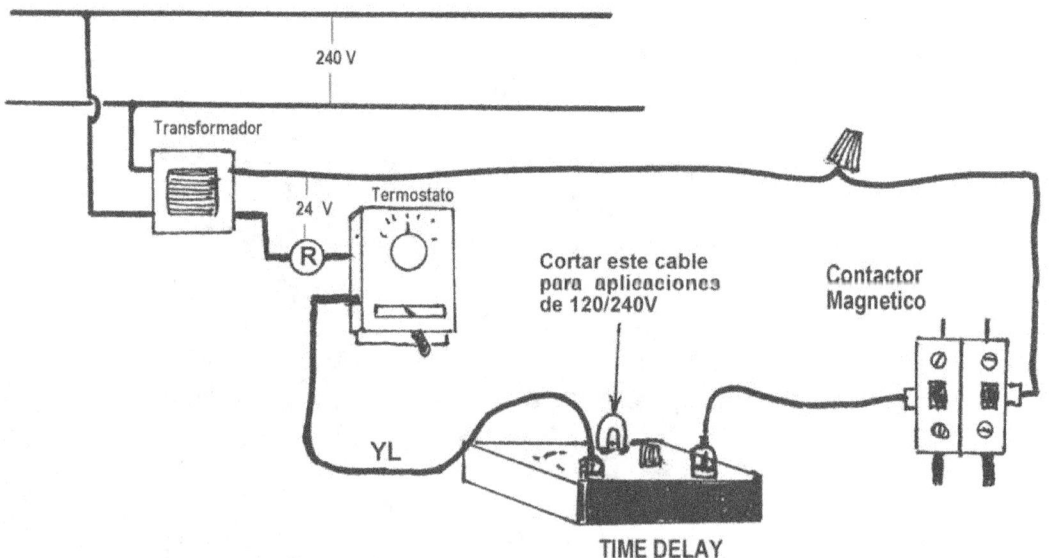

El **Time Delay** mostrado es del tipo que puede ajustarse el tiempo que debe esperar para permitir que circule 24 volts por la bobina del contactor. Este tiempo puede ser ajustado, entre uno u ocho minutos, haciendo rotar el botón de ajuste.

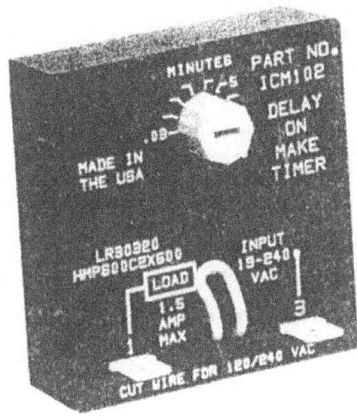

Aunque este es el Time Delay más comúnmente usado, existen otros que ya vienen programados de fábrica. En estos, el tiempo de retraso del funcionamiento del compresor, ya viene programado de la fábrica lo cual significa que no pueden ser ajustados. Algunos de estos, no traen solamente conexiones de entrada y salida del bajo voltaje, a veces tienen cuatro terminales para hacer las conexiones correspondiente desde el termostato y el Contactor Magnético.

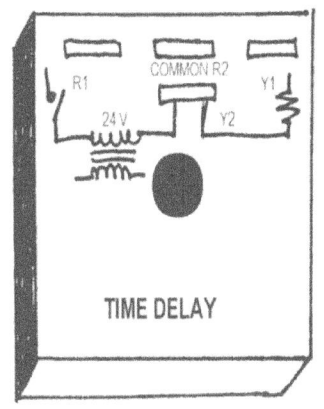

R1 – **Del Termostato (Y)**
R2 – **Al común del transformador**
Y2 – **Al Contactor Magnético (bobina)**
Y1 – **Al Contactor Magnético (bobina)**

PROTECTOR DE SOBRE CARGA.

El Protector de sobre carga (Overload Protector) es el dispositivo encargado de proteger al motor eléctrico y el mismo es instalado en el interior del motor.

Este protector permite el paso de la corriente hacia el compresor a través de una lámina bimetálica, la cual es muy sensible al aumento de temperatura. Cuando ocurre un aumento de amperaje (corriente) en el motor eléctrico, esto producirá un aumento de temperatura en el protector. Cuando la temperatura en la lámina bimetálica aumenta, la misma se expande y abre los contactos para interrumpir el paso de corriente al motor.

Este tipo de Protector de Sobrecarga (Overload Protector) usado en los compresores, puede ser externo o interno. En la figura se muestra el protector interno muy comúnmente usado en compresores de refrigeración y aire acondicionado. En la mayoría de estos compresores el protector de sobrecarga es del tipo interno. En muchos de los compresores usados en refrigeración el protector e externo y está colocado en la carcasa del compresor cerca de los terminales C, S y R del compresor.

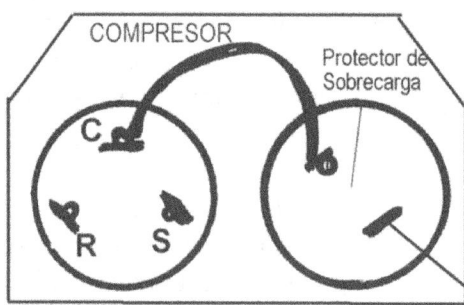

El Protector de sobrecarga va conectado a la línea de alimentación eléctrica y del mismo sale la conexión al común (C) del compresor. En caso de que exista un elevado amperaje (corriente), el protector se abrirá para que no continúe pasando electricidad a través de los enrollados del compresor.

En la figura de la siguiente pagina, se muestra donde va instalado el protector de sobrecarga en el interior del compresor. Como puede verse, va conectado al Terminal Común del compresor y a los enrollados de arranque y marcha. El mostrado a la derecha es el externo.

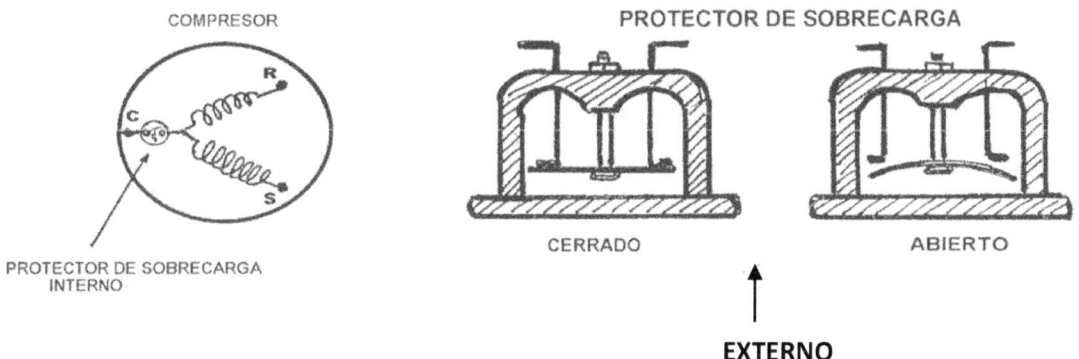

COMPRESOR

PROTECTOR DE SOBRECARGA INTERNO

PROTECTOR DE SOBRECARGA

CERRADO

ABIERTO

EXTERNO

Cuando el **Protector de Sobrecarga** interno se daña y se abre, éste no puede ser reparado, esto significa que el compresor tiene que ser reemplazado por otro.

Aunque en la mayoría de los motores que se fabrican, viene instalado un tipo de protección, el mostrado en las figuras anteriores es usado en los compresores.

Problemas Más Comunes En Los Sistemas De Aire Acondicionado

PROBLEMAS MÁS COMUNES EN EL AIRE ACONDICIONADO.

1.- Problema: Ninguno de los componentes del sistema funciona. (Ni en AUTO ni en ON)

Causas posibles	Solución
• Fusibles o breakers abiertos	• Revisar y cambiar los fusibles o reajustar los breakers
• Transformador dañado	• Cambiar el transformador

2.- Problema: Ni el compresor ni el ventilador exterior funcionan. El blower funciona

Causas posibles	Solución
• Contactos en el contactor quemados	• Cambiar el contactor
• Bobina del contactor abierta	• Cambiar el contactor
• Conexiones eléctricas flojas o incorrectas.	• Revisar las conexiones y corregir el problema.

3.- Problema: Compresor no arranca pero el Blower y el ventilador exterior funcionan

Causas posibles	Solución
• Protector de Sobre carga abierto	• Enfriar el compresor y poner el compresor en funcionamiento
• Compresor en corto-circuito	• Reemplazar al compresor
• Compresor a Tierra.	• Reemplazar al compresor

4.- Problema: Ni el compresor ni el ventilador exterior funcionan. El Blower solo trabaja cuando esta en **ON**

Causas posibles	Solución
• Termostato defectuoso	• Cambiar el Termostato
• Conexiones del termostato incorrectas	• Inspeccionarlo y realizar las conexiones de la forma correcta

5.- Problema: Compresor trata de arrancar pero no arranca y se lleva los breakers.

Causas posibles	Solución
• Enrollados del compresor abiertos	• Cambiar el compresor
• Enrollados en corto-circuito	• Cambiar el compresor
• Enrollado a Tierra	• Cambiar el compresor
• Compresor trabado	• Cambiar el compresor
• Capacitor de Marcha defectuoso	• Reemplazar el capacitor
• Protector de sobre carga abierto	• Enfriar compresor y tratar de arrancarlo nuevamente
• Presiones en el sistema no se han igualado.	• Esperar a que las presiones se igualen

6.- Problema: Todo el equipo trabaja pero no enfría.

Causas posibles	Solución
• Falta de refrigerante	• Buscar salidero, repararlo y cargar el sistema
• Demasiado refrigerante	• Recuperar y cargar nuevamente el sistema
• Evaporador cubierto de hielo	• Descongelar y determinar y arreglar el problema.
• El compresor no está comprimiendo.	• Cambiar el problema.

7.- Problema: El sistema trabaja pero no enfría adecuadamente.

Causas posibles	Solución
• Insuficiente paso de aire sobre el evaporador	• Chequear el Blower y reparar la causa del problema
• Baja carga de refrigerante	• Añadir refrigerante al sistema
• Demasiada carga de refrigerante	• Recuperar el exceso de refrigerante
• Control de refrigerante defectuoso	• Chequear el control del flujo de refrigerante.
• Equipo demasiado pequeño	• Cambiar el equipo.

8.- Problema: Equipo trabaja constantemente. Excesivo enfriamiento.

Causas posibles	Solución
• Termostato defectuoso	• Cambiar termostato
• Termostato colocado en lugar equivocado.	• Relocalizar termostato
• Conexiones del termostato incorrectas.	• Inspeccionar y hacer las conexiones adecuadamente

9.- Problema: El ventilador exterior no trabaja pero el compresor y el Blower funcionan.

Causas posibles	Solución
• Capacitor del motor dañado	• Cambiar capacitor
• Enrollado del motor abierto	• Cambiar el motor
• Motor defectuoso	• Cambiar el motor
• Conexiones incorrectas (Motor rotando en dirección incorrecta)	• Hacer las conexiones correctamente y cambiar la rotación del motor.

10.- Problema: El Blower no funciona ni en **ON** ni en **AUTO**. Compresor y ventilador exterior funcionan.

Causas posibles	Solución
• Fan Relay dañado	• Cambiar Fan Relay
• Termostato dañado	• Cambiar termostato
• Capacitor defectuoso	• Cambiar capacitor
• Motor dañado	• Cambiar motor
• Conexiones del termostato mal hechas.	• Inspeccionar conexiones y hacerlas correctamente
• Motor conectado incorrectamente.	• Inspeccionar conexiones y hacerlas correctamente

11.- Problema: Elevada presión en el Lado de Alta.

Causas posibles	Solución
• Sobrecarga de refrigerante	• Recuperar el refrigerante extra
• Inadecuada circulación de aire sobre el condensador.	• Hacerle una limpieza al condensador
• Recirculación de aire caliente	• Quitar los objetos que puedan impe-pedir el paso de aire al condensador
Gases no condensables en el condensador.	• Recuperar, hacer vacio y cargar adecuadamente el sistema con refrigerante

12.- Problema: Alta presión en el Lado de Alta y baja presión en la succión

Causas Posibles	Solución
• Aparato de medición (válvula o tubo capilar) tupido o defectuoso	• Reemplazar este componente

13.- Problema: Excesiva alta presión en el Lado de Alta.

Causas Posibles	Solución
• Condensador sucio	• Limpiar el condensador
• Obstrucción al paso de aire por el condensador	• Eliminar objetos que impiden el paso de aire hacia el condensador
• Motor del condensador dañado	• Cambiar el motor
• Capacitor dañado	• Cambiar el capacitor
• Ventilador del condensador rotando en dirección incorrecta	• Cambiar la rotación del motor

NOTAS.

www.ingramcontent.com/pod-product-compliance
Lightning Source LLC
Chambersburg PA
CBHW081136170526
45165CB00008B/2692